Praxisleitfaden Management Reporting

Thomas Schmidt

Praxisleitfaden Management Reporting

Aufbau und Gestaltung als unternehmerisches Entscheidungstool

 Springer

Thomas Schmidt
TSM Management GmbH&Co KG
Hamburg
Deutschland

ISBN 978-3-658-11564-7   ISBN 978-3-658-11565-4 (eBook)
DOI 10.1007/978-3-658-11565-4

Die Deutsche Nationalbibliothek verzeichnet diese Publikation in der Deutschen Nationalbibliografie; detaillierte bibliografische Daten sind im Internet über http://dnb.d-nb.de abrufbar.

Springer
© Springer Fachmedien Wiesbaden 2016

Gedruckt auf säurefreiem und chlorfrei gebleichtem Papier

Springer ist Teil von Springer Nature
Die eingetragene Gesellschaft ist Springer Fachmedien Wiesbaden

Vorwort

Dieses Buch wendet sich an alle Verantwortlichen in der Unternehmenssteuerung, vom Geschäftsführer bis zum Controller eines Unternehmens. Es ist ein Leitfaden für den Aufbau und die Gestaltung eines Management Reportings, das den Anspruch erfüllt, ein Management-Tool für unternehmerische Entscheidungen darzustellen.

Es ist ausdrücklich kein wissenschaftliches Fachbuch und auch kein Excel-Schulungshandbuch, sondern ein praxisorientierter Leitfaden, der auf Basis meiner knapp 30-jährigen Berufserfahrung im operativen Finanzbereich und als Management-Berater entstanden ist.

Mein Anspruch mit diesem Buch ist es, Ihnen ein gedankliches Rahmenwerk an die Hand zu geben, mit dessen Hilfe Sie in Ihrem Unternehmen entweder die vorhandenen Steuerungstools validieren und gegebenenfalls anpassen oder aber ein Projekt für die Neugestaltung Ihres Management Reportings initiieren können.

Hamburg, im Januar 2016   Thomas G. Schmidt

Einleitung

Warum hat das Thema Management Reporting in der heutigen Zeit eine so hohe Relevanz? Weil trotz oder gerade wegen der hohen Transparenz an Informationen und der nahezu unendlichen Varianz an verfügbaren Daten der klare Blick und die Selektion sowie Kombination der „richtigen" Daten und Informationen die eigentliche und entscheidende konzeptionelle Leistung darstellen.

Datenbanken, Data Cubes, Auswertungstools und externer Internet Research führen zu einer vermeintlich grenzenlosen Transparenz und suggerieren, dass alles Mögliche ein Problem sein kann, aber nicht das Informationsdefizit. Nüchtern betrachtet, hat diese Vielfalt allerdings mehr zu einer Verschärfung der Verwirrung um die Messung und Bewertung von unternehmerischen Leistungen geführt, als dass sich die vorhandene Unsicherheit in Luft aufgelöst hätte.

Information, definiert als „ein bestimmtes Wissen über einen Gegenstand, eine Person oder einen Sachverhalt" (aus Professor Kosoil, „Einführung in die Betriebswirtschaftslehre"), ist konsequenterweise nicht nur die Ansammlung und Auswertung von Daten, sondern die Herleitung von Zusammenhängen, Abhängigkeiten und Entwicklungstendenzen. Nur mithilfe von logischen und inhaltlichen Bewertungsdimensionen können aus Zahlen und Daten Wissen abgeleitet und Prognosen über eine zukünftige Entwicklung in Abhängigkeit von unternehmerischen Entscheidungen antizipiert werden.

Ebenso ist der weitverbreiteten Auffassung entgegenzutreten, dass ein Management Reporting, das oftmals unter der Verantwortung des Finanzbereiches entsteht, nur Daten enthalten sollte, die auf Finanzmanagement-Systemen basieren und es sich damit qua Definition ausschließlich um in Euro (oder der entsprechenden Landeswährung) bewertete Zahlen handelt. Reine Finanzkennzahlen (Financials) sind immer zwingender Bestandteil eines Management Reportings, da diese die ultimativen Größen des Unternehmenserfolges repräsentieren, aber die Herleitung der Entstehung der dokumentierten Performance ist der Schlüssel für ein entscheidungsrelevantes Management Tool. Das Herausarbeiten von Wirkungszusammenhängen auf historischer Basis mit einer konsequenten Überleitung zur erwarteten zukünftigen Performance ermöglicht dem Management, anstehende Entscheidungen zu identifizieren und zu bewerten. Dazu ist es zwingend erforderlich, auch andere operativen Leistungskennzahlen (Non-Financials) mit zu integrieren und mit den Financials zu kombinieren. Somit grenzt sich das Management Reporting auch eindeutig von einem Financial Reporting ab, das entsprechend der gesellschaftsrechtlichen Form und Finanzierungsart immer den korrespondierenden Berichterstattungsregeln folgend erstellt werden muss. Häufig ist es opportun, das Financial Reporting in einen finalen Teil oder auch als Anhang dem Management Reporting beizufügen.

Oftmals wird ein Aspekt im Rahmen des Management Reportings deutlich unterschätzt: die Art und Form (das Layout) der Präsentation. Die bekannten Office-Tools bieten dazu reichlich Optionen, die leider sehr oft auch umfassend und in allen Varianten genutzt werden. Am Ende entsteht ein Report, der in seiner Art nahezu einen künstlerischen Charakter hat, aber leider den Kern des Management Reportings komplett überlagert – Grafiken, Farbe, Animationen etc. verführen das Auge des Betrachters zu Kapriolen und überdecken so die eigentlich relevanten inhaltlichen Aussagen. Das Layout muss stattdessen immer die Aussagen unterstützen und ansonsten „vornehm" im Hintergrund bleiben und den Adressaten intelligent in seiner Wahrnehmung durch das Reporting navigieren.

Ultima Ratio muss es sein, ein strategiekonformes, integriertes, fokussiertes und adressatenorientiertes Management Reporting zu designen, das die Grundlage für Management-Entscheidungen bilden kann.

Inhaltsverzeichnis

Entwicklungsphasen

Die Entwicklung eines Management Reportings ist ein Prozess, der im Idealfall einem Phasenmodell in drei Stufen folgt:

Die **Selection Phase** umfasst die Identifikation und Auswahl der wesentlichen Messgrößen (Key Performance Indicators), die den Anspruch an die Performance Messung des Unternehmens und seiner strategischen Zielrichtung integrativ und adressatenorientiert widerspiegeln. Kurz: What to measure?

In der **Data Phase** gilt es, für die ausgewählten Messgrößen die korrespondierenden Quellen der zugrunde liegenden Daten zu identifizieren und auf Validität zu überprüfen. Gleichzeitig müssen die Datendimensionen ausgewählt werden, die es ermöglichen, die angestrebten Wirkungszusammenhänge aufzuzeigen. Kurz: How to measure?

Abschließend wird in der **Layout Phase** festgelegt, in welcher Art und Form die Darstellung der Reporting-Daten vorgenommen wird. Kurz: How to display?

Die drei Phasen sind dabei aufeinander aufbauend zu durchlaufen, wobei zwischen der Selection und Data Phase durchaus bidirektionale Interdependenzen bestehen, die dazu führen können, Anpassungen bei den Messgrößen bzw. ihrer Herleitung vorzunehmen, da es zum Beispiel die Datenlage nicht ermöglicht, die gewünschten Messgrößen konsistent und nachvollziehbar abzubilden.

Die inhaltlich maßgebliche Phase ist die Selection Phase, in der sich im Endeffekt die Qualität des Reportings und damit die Erreichung der Zielsetzung manifestiert. Diese Phase kann zugegebenermaßen so manches Mal quälend langatmig und zeitraubend sein, aber jede sinnvolle Minute länger in diese Phase investiert hat einen spürbar positiven Einfluss auf die Reportingqualität.

© Springer Fachmedien Wiesbaden 2016
T. Schmidt, *Praxisleitfaden Management Reporting,* DOI 10.1007/978-3-658-11565-4_1

Selection Phase

2

In dieser ersten Phase der Entwicklung eines Management Reportings gilt es, die für den Unternehmenserfolg entscheidenden Messgrößen zu identifizieren, auf ihre Relevanz für die Unternehmenssteuerung hin zu überprüfen und final die entsprechenden Key Indicators zu selektieren. Damit ist nicht gemeint, eine vorstrukturierte und übersichtliche Auswahl an Messgrößen im Sinne einer Balanced Scorecard auszuwählen, sondern ein Set an KPIs (Key Performance Indicators) aufzubauen, das fokussiert alle entscheidenden Dimensionen für die Messung der unternehmerischen Performance umfasst.

Diese Phase ist das eigentliche Kernstück der konzeptionellen Entwicklung, für die es leider kein Patentrezept gibt, dem man einfach folgen kann und das dazu führt, dass sich „wie von selbst" die richtigen und wichtigen KPIs herauskristallisieren. Jedes Management Reporting ist ein unternehmensindividuelles Unikat – vielleicht mit Ausnahme des i. d. R. zwingenden Elementes einer Kurz-Gewinn- und Verlustrechnung (GuV). Selbst auf bilanzielle Darstellungen auf Monatsbasis wird häufig verzichtet und stattdessen werden einzelne bilanzielle Stichtagsgrößen (wie z. B. Forderungsbestand, Stand der Verbindlichkeiten, Finanzierungsstatus) Bestandteil des Reports.

© Springer Fachmedien Wiesbaden 2016

T. Schmidt, *Praxisleitfaden Management Reporting,* DOI 10.1007/978-3-658-11565-4_2

Trotz dieser gemachten Einschränkung gibt es ein Set an Durchführungsregeln und konzeptionellen Vorgehensweisen, denen man folgen kann und die sicherstellen, dass am Ende das gewünschte Ergebnis – ein Entscheidungstool für das Management – entsteht.

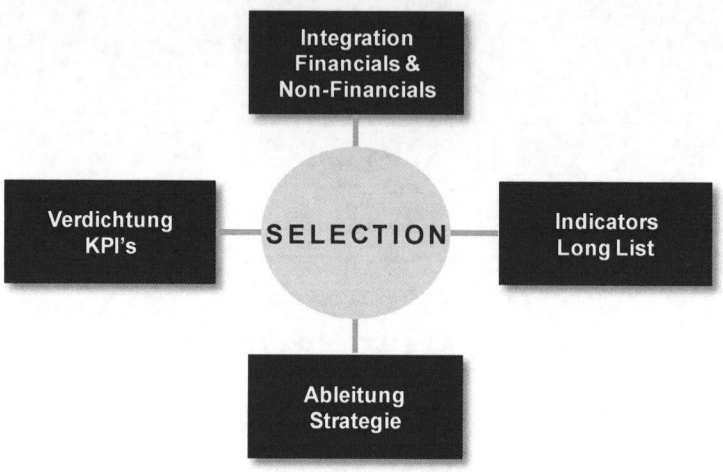

2.1   Financials und Non-Financials integrieren

Gerade die Integration der Non-Financials ist einer der Erfolgsfaktoren für die Güte des Management Reportings. Im Kern bestimmen die darüber abgebildeten operativen Kenngrößen aufgrund der bestehenden Wirkungszusammenhänge innerhalb der Wertschöpfungskette die monetär ausgedrückten wirtschaftlichen Ergebnisse. Wie sollte sonst eine sinnvolle Analyse z. B. des Umsatzes erfolgen, wenn nicht die operativen Kerngrößen Menge, Preis, Kunden, Märkte etc. berücksichtigt sind. Eine reine Finanzanalyse mit Vorjahresvergleichen und monatlichen Veränderungsraten ist nur eine deskriptive Beschreibung von numerischen Zusammenhängen, liefert aber keine systematischen, strukturierten und auslöserbasierten Erkenntnisse für die Unternehmenssteuerung.

Um den Bogen noch weiter zu spannen, ist es wichtig zu bedenken, dass die Integration von Non-Financials nicht nur bedeutet, unternehmensinterne Non-Financials zu analysieren und auszuwerten, sondern ebenso externe Datenquellen zu nutzen. Am prominentesten seien an dieser Stelle Marktzahlen genannt, die durch Branchendienste oder Recherchen erhoben werden können.

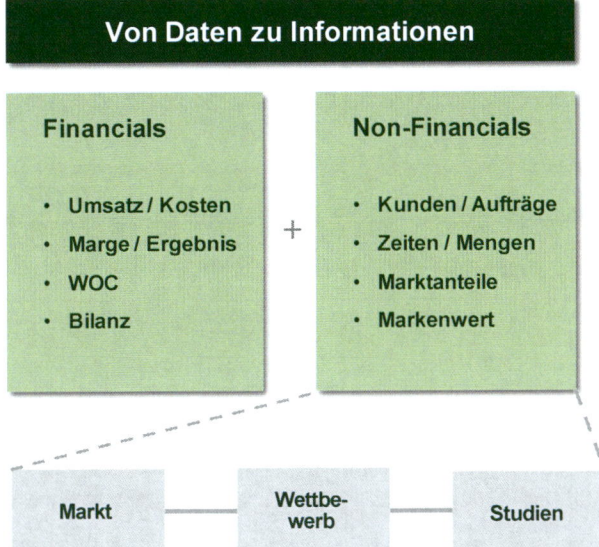

Erst die Kombination von Financials mit Non-Financials lässt aus Daten Informationen werden, die eine Grundlage für die Bewertung der aktuellen Situation bieten und eine Prognose der zukünftigen Erwartung ermöglichen. So kann z. B. eine Absatzsteigerung um 5 % intern gegen den Plan eine positive Abweichung darstellen, aber bei einem Benchmark mit dem Markt, der um 15 % gewachsen ist, relativiert sich die Bewertung signifikant – die reine Nabelschau reicht nicht zur Bewertung der eigenen Performance aus.

2.2   Long List Entwicklung

Der Entwicklungsprozess der Indicator Long List sollte auf keinen Fall mit einer „wilden" Sammlung an Kennzahlen und Messgrößen beginnen. Stattdessen muss immer in einem ersten Schritt ein tiefgehendes Grundverständnis über das Unternehmen und seine Wertschöpfungszusammenhänge geschaffen werden.

Dieser Schritt sollte auch von denjenigen gemacht werden, die möglicherweise bereits seit langer Zeit im Unternehmen tätig sind und das Selbstverständnis haben, sie wüssten alles. Meistens ist das nicht so bzw. es herrscht eine sehr einseitige Sichtweise über Prozesse, Funktionen, Produkte und die zugrunde liegenden unternehmerischen Zusammenhänge vor.

Einen konzeptionellen Rahmen bietet dabei eine Kombination aus den klassisch finanzwirtschaftlichen Berichten (Financial Reporting), vorhandenen Reports der operativen Einheiten, den geltenden Organigrammen und der Anwendung der Wertschöpfungsketten-Systematik nach M. Porter (Competitive Advantage: Creating and Sustaining Su-
perior Performance, Michael E. Porter)

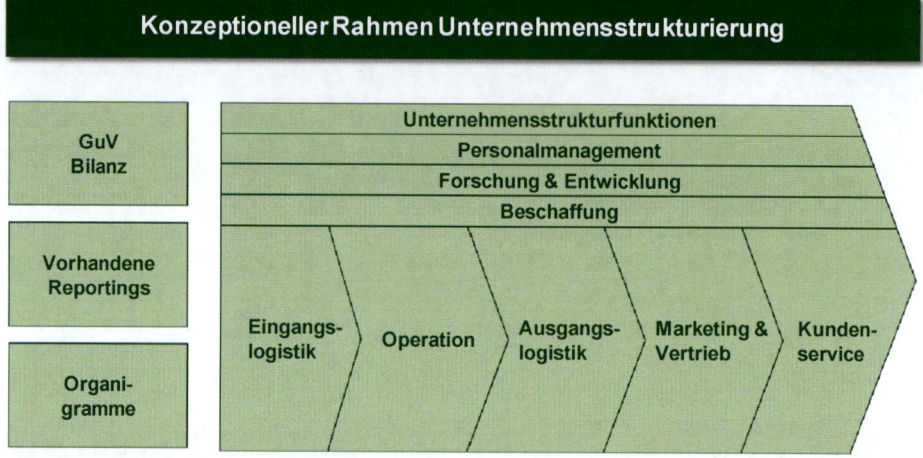

Die Porter'sche „Blaupause" sollte den Ausgangspunkt bilden, um eine unternehmensindividuelle Wertschöpfungsketten-Systematik zu entwickeln, die im Ergebnis in den Wert-
schöpfungsstufen inhaltlich komplett anders aussehen kann. Das Modell verpflichtet den
Anwender, alle dargestellten Stufen einmal auf das eigene Unternehmen hin zu mappen
und entsprechend zu adaptieren.
    Dabei können

- einzelne Kettenelemente komplett fehlen, da sie outgesourct sind,
- Elemente umbenannt werden, da unternehmensintern andere eindeutige Begrifflichkeiten gelten,
- Stufen aufgeteilt werden, da die Wertschöpfungseffekte durch zwei Elemente entstehen,
- eigentliche Supportfunktionen in die Wertschöpfungserstellungsreihe rutschen.

Kurzum: Die Adaption unter Wahrung des Basiskonzeptes des Wertschöpfungsmodells
führt immer zu einer unternehmensindividuellen Darstellung.

Als Beispiel im Folgenden eine generische Wertschöpfungskette für ein reines Fashion Großhandels (Wholesale) Unternehmen:

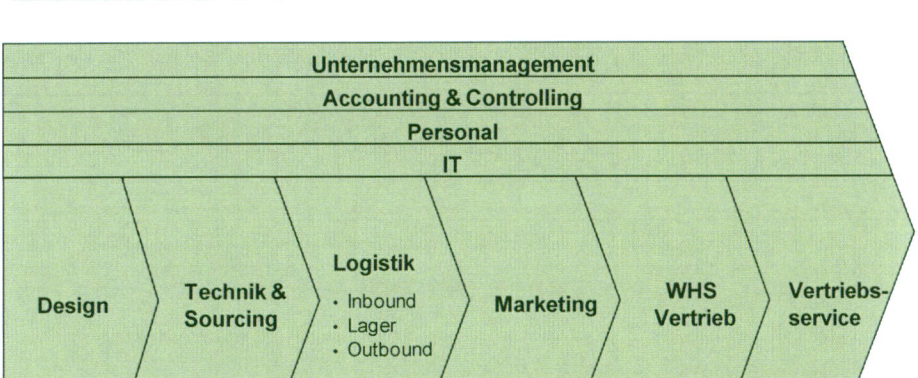

In diesem Beispiel fehlt die Herstellungsfunktion, da die Fashion Ware von internationalen Lieferanten über das interne Sourcing beschafft wird. Marketing ist zu einem eigenen Element geworden, da der Vertrieb eine überragende Bedeutung für das Unternehmen hat und deshalb separat stehen muss.

Als nächstes kommt die „Fleißarbeit", d. h. auf Basis der entstandenen Unternehmensbeschreibung und mithilfe der finanzwirtschaftlichen Berichte und der vorhandenen Reports der operativen Einheiten wird eine Long List an Indicators erstellt. Dabei ist es oftmals hilfreich, die finanzwirtschaftlichen Kategorien und die identifizierten Funktionen der Wertschöpfungskette als Ordnungskriterium anzuwenden. Indicator ist dabei nicht zu verstehen als eine komplett beschriebene und durchdefinierte Messgröße, sondern als eine Ausgangsgröße innerhalb der gewählten Strukturierung. Von der inhaltlichen Darstellung her sind die Ausgangsgrößen maximal in eine bzw. zwei Ebenen herunterzubrechen. Diese Strukturen sind oft bereits in vorhandenen Finanz- oder Vertriebsreports entsprechend abgebildet und können übernommen werden.

An dieser Stelle sei nochmals auf die Integration der Non-Financials hingewiesen, die auch in dieser Phase das Raster nachhaltig mitgestalten.

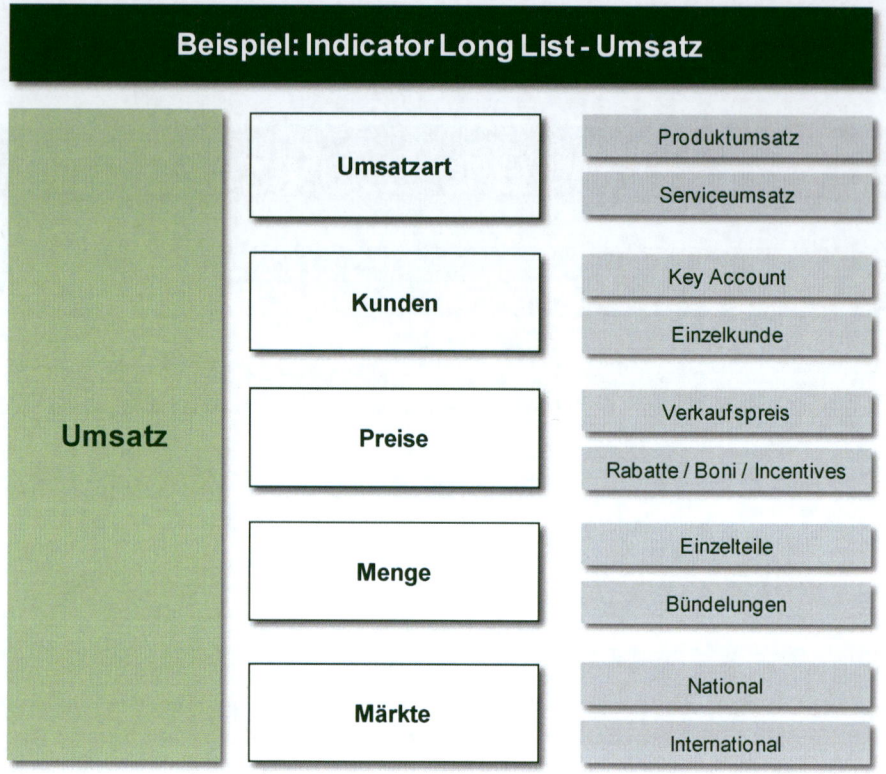

Bei der Erstellung der Long List ist es nicht das Ziel, eine wahllose, möglichst lange Liste zu erstellen, sondern mit einem gewissen Augenmaß bereits eine erste Selektion vorzunehmen. Faktoren, die offensichtlich keine wirkliche Ergebnisrelevanz haben sollten in diesem Schritt auch keine Berücksichtigung finden.

2.3   Ableitungen aus der Strategie

Zentraler Ausgangspunkt ist die strategische Zielsetzung des Unternehmens, die die entscheidenden Leitplanken bei der Selektion der relevanten Messgrößen vorgibt. Ohne eine strategische Grundlage ist jedes Management Reporting per se dazu verurteilt, nur dokumentarischen Charakter zu haben und kann damit nicht als Entscheidungstool für das Management dienen.

Jedes Unternehmen sollte eine definierte Strategie haben, die es ermöglicht die angestrebte Positionierung in der Zukunft widerzuspiegeln. Diese ist entweder klar deklariert (in Strategiepapieren, Mission Statements, Geschäftsführungsbeschlüssen u. a.) oder aber liegt zumindest als gemeinsamer, unausgesprochener Handlungskanon der Geschäftsführung vor. Wäre es nicht so, würde schlicht und einfach gelten: „Wer den Hafen nicht kennt, in den er segeln will, für den ist kein Wind ein günstiger" (Seneca). Ohne eine Strategie kann eine gemessene Performance nicht in Relation zur Zielerreichung gesetzt werden und es sind auch keine Erkenntnisse über notwendige oder nicht notwendige Entscheidungssituationen ableitbar.

Die folgende grafische Veranschaulichung verdeutlicht die Bedeutung der Strategie für ein zielgerichtetes Management Reporting.

Eine Bewertung der heutigen (aktuell berichteten Messgrößen) ist nur möglich, wenn diese in ein Verhältnis zur angestrebten Zielposition gesetzt werden können. Ohne diese Relativität sind Aussagen bezüglich der Abweichung (nach Art und Umfang) und der möglichen Weiterentwicklung im Hinblick auf das avisierte strategische Ziel nicht möglich.

Die Entwicklung des Management Reportings muss zwingend mit einem Erheben und Verstehen der Strategie des Unternehmens beginnen. Welche Form man dazu wählt, sei es Dokumentenanalyse, Management Workshops, Interviews mit dem Führungsteam, ist jedem selbst überlassen, aber die Erhebung an sich muss in jedem Falle erfolgen. Der Anspruch an den Verantwortlichen des Management Reportings muss es sein, die Strategie bzw. die strategischen Ziele so gut nachvollziehbar verstanden zu haben, dass er diese auch prägnant und fokussiert jederzeit präsentieren könnte.

In dieser Phase ist es notwendig, nicht nur das Management mit einzubeziehen, sondern auch die Gesellschafter und ggf. andere Stakeholder (Betriebsrat, Banken, u. a.). Nur wenn zwischen allen Beteiligten Konsens über die strategischen Ziele besteht, kann am Ende das Management Reporting auch allen Adressaten uneingeschränkt als Entscheidungstool zur Verfügung stehen – unabhängig von dem möglicherweise variierenden Umfang des Reports für den jeweiligen Empfänger.

Nachdem im ersten Schritt die Strategie identifiziert und ausreichend beschrieben ist, beginnt die Phase der Zerlegung der Strategie in konkrete Unterziele und deren Ausformulierung im Sinne einer Quantifizierung. In den meisten Fällen gliedert sich die strategische Kaskade eines Unternehmens in drei bis fünf Kernziele auf, die wiederum durch einzelne Faktoren nachhaltig beeinflusst werden.

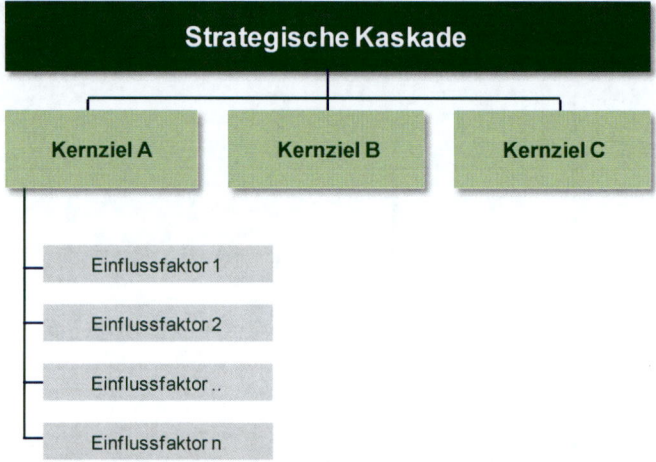

Um diesen konzeptionellen Schritt transparent zu machen, im Folgenden ein generisches Beispiel, welches deutlich macht, wie die Vorgehensweise anzuwenden ist.

Strategische Kernziele

- **Wachstumsführer im Zielmarkt durch günstige Angebote bei guter Qualität**

- **Erzielung einer Profitabilität von xx % EBITDA-Marge**

Aus beiden Kernzielen sind jetzt in einer ersten Ableitung die relevanten Beobachtungsfelder und deren wesentliche inhaltliche Aspekte zu identifizieren.

Kaskadiert man die im Beispiel postulierten Kernziele in einem ersten Schritt, so ergeben sich folgende strategische Beobachtungsfelder für das zu entwickelnde Management Reporting:

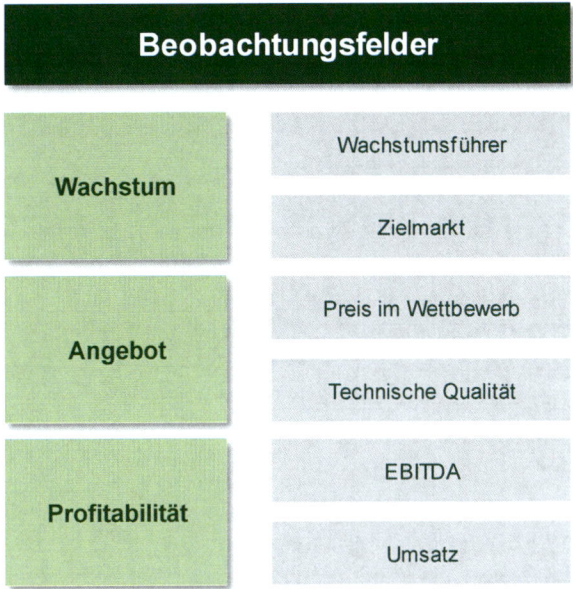

Im nächsten Schritt müssen die Einflussfaktoren noch weiter spezifiziert werden, denn noch ist aus der Darstellung nicht ersichtlich, welche Ausprägung diese eigentlich haben und was gemessen werden soll.

Aus der strategische Ausprägung **Wachstumsführer im Zielmarkt** ergibt sich die Frage nach der Art des Wachstumsindikators – Umsatz oder Menge. Beide Dimensionen sind möglich, führen aber zu ganz unterschiedlichen Messgrößen und Performance Indicators. Die Klärung dieser Frage im Rahmen eines Management Workshops hat wie zu erwarten ergeben, dass das quantitative Mengenziel gemeint ist. Da es sich um ein Unternehmen mit einem spezifischen und relativ eingeschränkten Produktangebot in einem definierten Markt handelt, können Fragen nach der Spezifikation der Menge (alle Produktarten additiv oder Umrechnungsmechanismen mit Volumenabhängigkeiten u.ä.) außen vor bleiben. Die strategische Formulierung „Wachstumsführer" bedeutet, dass die Wettbewerber und deren Performance eine entscheidende Rolle spielen, um die Zielerreichung zu validieren. Zusammenfassend sind damit für das Management Reporting als Beobachtungsfeld die Absatzmenge und das Absatzmengenwachstum an sich und im Vergleich zum Wettbewerb im definierten Zielmarkt ableitbar.

Wendet man sich dem Angebotselement zu, so sind vergleichbare Überlegungen anzustellen – ein **günstiges Angebot** soll eine Grundlage der Wachstumsführerschaft sein. Wie aber definiert sich „günstig"? Die Diskussion und Spezifikation dieser Formulierung im Management Workshop hat ergeben, dass in diesem Fall eine reduzierte Preispositionierung des Produktes gegenüber den beiden marktführenden Wettbewerbern von etwa 10–15 % angestrebt wird. Es ist zu beachten, dass es sich dabei um eine rein angebotsorientierte Sichtweise handelt – ob der Kunde diesen Preisabstand auch in seiner Kaufentscheidung als „günstig" definiert und der Anbieter damit im Relevant Set dieses Attribut auch tatsächlich erreicht, ist durch Marktforschung zu klären. Sollte der Punkt der Kundeneinschätzung eine überragende Bedeutung für die erfolgreiche Implementierung der Strategie haben, so kann ein Ergebnis der Design Phase sein, eine kontinuierliche Kundenbefragung zu installieren und deren Ergebnisse auch als einen Indikator mit in das Management Reporting aufzunehmen. Aus diesem strategischen Teilziel sind die potentiellen Beobachtungselemente für das Management Reporting: der durchschnittliche Verkaufspreis, der Verkaufspreis im Vergleich zum Marktdurchschnitt sowie zu den beiden Marktführern im Speziellen. Optional könnte zusätzlich noch ein Kunden-Preis-Index zur Preiswahrnehmung integriert werden.

Nun geht die Angebotsaussage noch weiter im Sinne von **guter Qualität**, was wiederum zu der Frage der zu wählenden Messdimension führt. Bei qualifizierenden Qualitätsaussagen ist immer die Frage nach der Verhältnismäßigkeit zu stellen, d. h. wie wird „gut" übersetzt im Markt- bzw. Kundensinne. Zum einen kann es sich um die technische Qualität des Produktes, gemessen mit entsprechenden Parametern (wie z. B. Lebensdauer, Nutzungszeiten, Sollbruchgrößen etc.) handeln, zum anderen aber auch das Qualitätsempfinden des Kunden an sich. Letzteres kann wiederum nur durch Kundenbefragungen erhoben werden und damit gelten analog die zum Thema „günstig" gemachten Aussagen. Im vorliegenden Fall hat die Klärung mit dem Management ergeben, dass es sich um eine klare technische Größe handelt, die durch Messdaten nachweisbar ist und dieser technische Qualitätsparameter stellt dann auch konsequenterweise ein entsprechendes Beobachtungselement dar.

Das dritte Kernziel, die wirtschaftliche Erfolgsgröße **EBITDA**, ist bereits aus dem strategischen Postulat heraus mit einer eindeutigen Zielgröße belegt. Aber Vorsicht – es wird eine Marge als Zielgröße definiert, was zwangsläufig zu der Frage der Verhältnisgröße Umsatz führt. Und genau an dieser Stelle kann es haarig werden, denn welcher Umsatz ist als Basisgröße gemeint? Brutto-Umsatz, Netto-Umsatz oder Cash-Umsatz, dieser dann periodengenau oder nach vorgenommener monatlicher Abgrenzung – für diesen Punkt muss auf jeden Fall eine Klärung erfolgen. Meistens gibt es in den verschiedenen Branchen feststehende Definitionen zum anzulegenden Umsatz, die dann auch so Eingang in das Management Reporting finden sollten und damit auch als Basisgröße für die Margenberechnung dienen. Im Beispielfall ist der Netto-Umsatz nach allen variablen kundenbezogenen Abzügen (wie z. B. Rabatt, Skonto) abgestimmt worden und bildet in Kombination mit dem EBITDA als Marge das Beobachtungselement dieses strategischen Ziels.

Zur abschließenden Klarstellung nochmals der Hinweis, dass dies den strategischen Fokus widerspiegelt, damit aber keine ausschließliche oder abschließende Liste der Key

Performance Indicators (KPIs) darstellt. Dazu bedarf es weiterer konzeptioneller Überlegungen, die Thema der nächsten Sub-Phasen des Designs des Management Reportings sind.

2.4   Verdichtung zu KPIs

Nachdem die beschriebene Liste an Indikatoren erstellt worden ist und die strategischen Beobachtungsfelder identifiziert sind, gilt es nun zu entscheiden, welche der weiteren Messgrößen, mit ihrer hierarchische Strukturierungen und ihren Ableitungen, sich für das Reporting qualifizieren.

Mindestens die finanzwirtschaftlichen Größen

- Umsatz,
- Ergebnis (EBITDA, EBIT/EBT) und
- eine Liquiditätskenngröße (Kassenbestand, Cashflow)

fallen in diesen Kreis und sind damit automatisch in der KPI Selektion gesetzt. Alle anderen „klassischen" finanzwirtschaftlichen Größen sollten auch durch die Relevanzanalyse laufen, denn weder HGB noch IFRS Anforderungen sollten für das Management Reporting eine gestalterische Rolle spielen – sie sind die eindeutigen strukturgebenden Leitlinien für das Financial Reporting (das oftmals neben dem Management Reporting monatlich zu erstellen ist).

2.4.1   Treiberbaumanalyse

Generell gibt es naturgemäß klare und einfach ableitbare Zusammenhänge von Financials und korrespondierenden Non-Financials, so z. B. Menge und Preis bei einer Umsatzanalyse. Um für alle identifizierten Beobachtungsfelder bzw. Indikatoren Klarheit bzgl. ihrer Werttreiber und Interdependenzen zu erhalten, hilft es, eine Treiberbaumanalyse anzuwenden. Treiberbaumanalyse heißt, ausgehend von der Ergebnisgröße die beeinflussenden Eingangsgrößen immer weiter zu spezifizieren und zusätzlich ggf. auch den Wertzusammenhang durch die anzuwendende Rechenoperation wiederzugeben. Die Systematik der Treiberbaumanalyse basiert auf dem Du-Pont-Schema ohne die Einschränkung auf rein monetäre Größen.

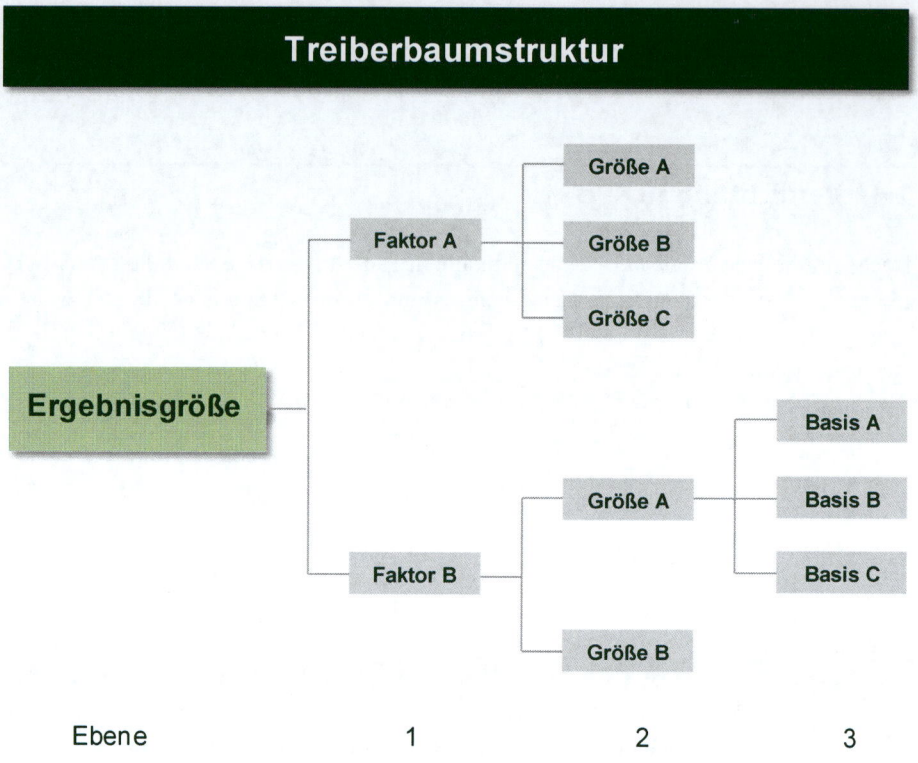

Treiberbaumstruktur

Der immer wieder interessante Effekt der Treiberbaumanalyse ist, dass durch seinen systematischen Zwang alle Beteiligten dazu angehalten werden, konzentriert und strukturiert die jeweiligen Größen in ihre wesentlichen Treiber zu zerlegen und dabei alle Wertformen (Menge, Zeit, Wert, Anzahl etc.) zu berücksichtigen. Alleine die Diskussion, die sich bei der Treiberzerlegung entwickelt, ist für alle Beteiligten (und das sollten auch die jeweils verantwortlichen Manager sein) ein sehr fruchtbarer Prozess, um ein gemeinsames Verständnis über die „wirklichen" Einflussfaktoren zu erlangen und miteinander abzustimmen. Es ist dabei durchaus erlaubt (und manchmal auch notwendig), während dieser Phase mehrere mögliche Treiberzusammenhänge zu entwickeln und in einem weiteren Schritt mithilfe einer Sensitivitätsanalyse (siehe dazu den nächsten Abschnitt) zu prüfen, welche Einflussfaktorenkette den gesuchten Wirkungszusammenhang besser widerspiegelt.

Für die Nachvollziehbarkeit einer Treiberbaumanalyse im Folgenden beispielhaft das Strukturierungsergebnis für das in diesem Fall identifizierte Beobachtungsfeld „Store Deckungsbeitrag" als der wesentliche Erfolgsfaktor des Vertriebskanales Retail.

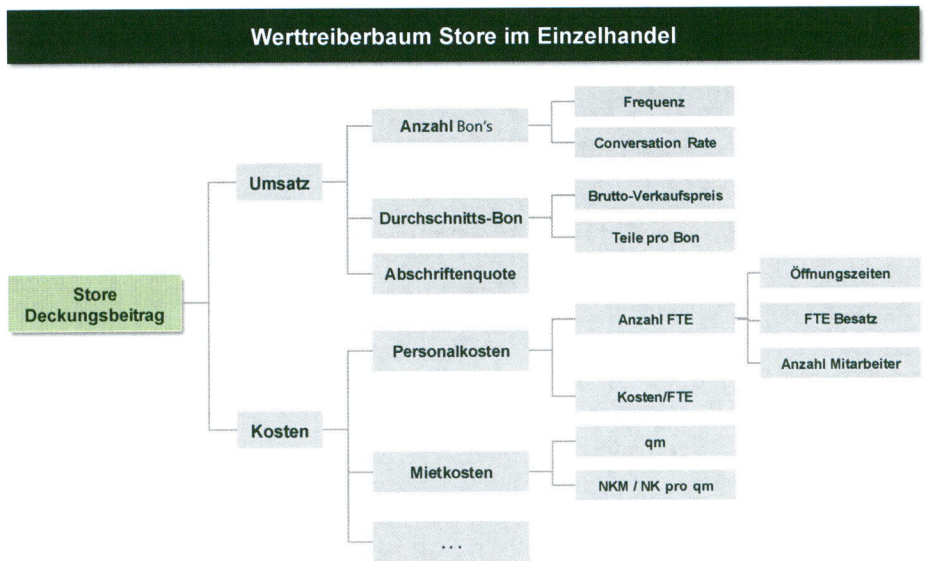

Financials und Non-Financials werden in ihrer Kombinatorik genutzt und ein Einfluss-faktor – gemessen in Zeit (Öffnungszeiten) – hat eine maßgebliche Wirkung auf den Store Deckungsbeitrag. Gerade bei Flächen in Einkaufszentren sind die Ladenbetreiber ver-pflichtet, die festgelegten Öffnungszeiten einzuhalten und auch an Sonderaktionen des Centers (z. B. Einkaufsnacht am Freitag) teilzunehmen. In der Regel hat der Mietvertrag eine entsprechende Klausel, die bei Nicht-Beachtung einen Kündigungsgrund für den Ver-mieter darstellt.

Eine andere interessante Einflussgröße ist die Frequenz, dass heißt die Anzahl der Be-sucher eines Stores während der Öffnungszeiten. Diese Größe erfordert die Installation eines Frequenzzählers – sollten diese nicht in allen Stores vorhanden sein (was ein mög-liches Ergebnis der Data Phase wäre), so kann ein Management Reporting-Prozess sogar zu einem Investitionsvorhaben des Unternehmens führen.

Der Einsatz von Treiberbäumen ist nicht nur in der Selection Phase hilfreich, sondern kann auch in der Layout Phase (siehe Abschn. 4.3.6.) als interessante Darstellungsform genutzt werden.

2.4.2   Sensitivitätsanalyse

Wie bereits bei der Treiberbaumanalyse angedeutet, ist eine Sensitivitätsanalyse oftmals von Bedeutung für die finale Selektion von KPIs, da darüber ein bewerteter Wirkungszu-sammenhang abgebildet werden kann.

Die Sensitivitätsanalyse bedeutet, die jeweilige identifizierte Einflussgröße im Rahmen einer What-If-Analyse daraufhin zu untersuchen, welche Wirkung eine signifikante Änderung dieses Parameters auf die Ergebnisgröße hat.

Die Durchführung erfolgt auf Basis der Treiberbäume für die identifizierten Beobachtungsfelder mithilfe einer numerischen Abbildung der Interdependenzen (i. d. R. in Microsoft Excel) gefolgt von einer Varianzanalyse.

Ziel ist es, die Wertsensitivitäten herauszuarbeiten und die Indikatoren für das Management Reporting auszuwählen, die einen signifikanten Einfluss auf die Unternehmensperformance haben. Zum Beispiel könnte sich im Falle eines Unternehmens mit einem sehr stringenten Auslieferungs- und Forderungsmanagement die Forderungsausfallquote (Bad Debt Rate) voraussichtlich nicht qualifizieren, da das Ausgangslevel sehr gering ist und nur massive relative Veränderungen eine signifikante Sensitivität zeigen würden.

2.5   Case Study Selection Phase

Am Ende der Selection Phase steht eine qualifizierte Auswahl an Messgrößen, die für die Messung und Qualifizierung der Unternehmensperformance relevant ist. Um deutlich zu machen, wie ein solcher Katalog aussehen kann, im Folgenden ein erläuterndes Beispiel.

Hintergrund

Das Beispiel-Unternehmen ist ein relevanter Player im europäischen eCommerce Markt, gehört mit zu den ersten erfolgreichen Anbietern von virtuellen Internet-Marktplätzen und bringt damit Anbieter und Nachfrager digital zusammen. Die Umsatzerzielung erfolgt – in Abhängigkeit vom Charakter des Marktplatzes – nach unterschiedlichen Methoden. Entweder zahlt der Anbieter für sein eingestelltes Angebot oder es werden Transaktionsgebühren erhoben oder es fallen Gebühren für die Mitgliedschaft bei einem Portal an. Zusätzliche Einnahmen werden über Werbeeinnahmen durch die Platzierung von Bannern generiert. Gesellschaftsrechtlich lag eine historisch bedingte und durch Zukäufe weiter forcierte komplexe Konzernstruktur vor.

Aufgabenstellung

Da die Unternehmensgruppe inzwischen durch den Markterfolg seiner verschiedenen Portale stark gewachsen war und eine signifikante Umsatzgröße erreicht hatte, war es aus Sicht des Managements notwendig, ein neues Management Reporting für den inzwischen entstandenen Konzern zu entwickeln, um wieder Transparenz und Entscheidungsgrundlagen zu schaffen. Insbesondere im Rahmen der Investitionsentscheidungen für neu zu gründende oder einzustellende Marktplätze ist eine faktenbasierte Bewertung von entscheidender Bedeutung für den zukünftigen wirtschaftlichen Erfolg des Konzerns.

Das bisherige Reporting bestand aus den Einzelberichten der jeweiligen Portal-Gesellschaften oder auch den Landesgesellschaften nach unterschiedlichen Kriterien bezogen auf die operative Leistung. Einzig die finanzwirtschaftlichen Gliederungskriterien des Konzern ermöglichten eine einigermaßen vergleichbare Sichtweise auf den Unternehmenserfolg.

Ergebnis der Selection Phase

1. Geschäftsstruktur & Reporting

Die Analysen im Rahmen der Selection Phase haben gezeigt, dass die vorliegende gesellschaftsrechtliche Konzernstruktur nicht dazu geeignet war, das entscheidende Ordnungskriterium für das Reporting zu sein. Deshalb wurde in einem ersten Schritt ein kaskadisches Schema entwickelt, das die gesellschaftsrechtlichen Strukturen transparent nach operativen Grundsätzen zusammenfasst.

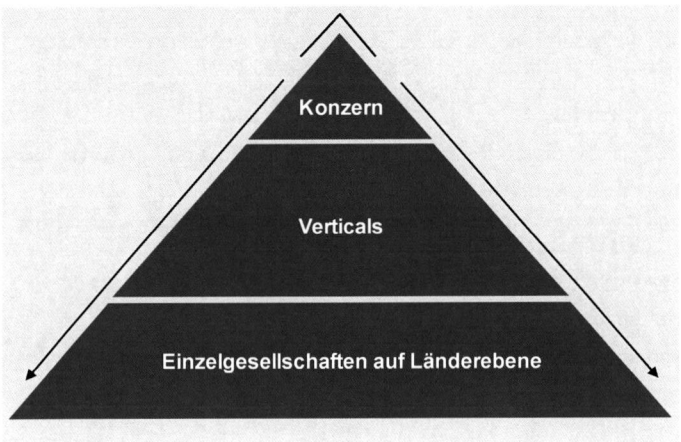

Wichtig in diesem ersten Schritt war es, die Zwischenebene der „Verticals" als Synonym für einen Typ von Marktplatz zu definieren, unabhängig von seiner länderspezifischen Marktpräsenz, seiner gesellschaftsrechtlichen Struktur oder seiner Einbindung in die finanzwirtschaftliche Konzernkonsolidierung. Die Verticals bilden additiv den Konzern ab, da die Leistungen der Konzernmuttergesellschaft über Verrechnungsvereinbarungen geregelt sind und keine Konzernmarge generiert wird. In Abhängigkeit von den jeweiligen Umständen kann auch eine Darstellung der Konzerneinheit als eine eigene Dienstleistungseinheit erfolgen, was aber immer die Gefahr einer zu positiven Darstellung der operativen Einheiten mit sich bringt (durch den Verzicht auf die erhaltenen, aber nicht berechneten Konzerndienstleistungen).

2. Indikatoren & Dimensionen

Die nächste Phase fokussierte sich entsprechend der Anforderungen an die Selection Phase auf die Festlegung der inhaltlichen Indikatoren zur Messung der Performance und in diesem Falle auch zur Vergleichbarkeit der verschiedenen Verticals im Konzern. Im Ergebnis ist eine Ordnung entstanden, die sich in die Kategorien Financial, Business und Market Performance ergänzt um eine Dimension Dynamics gliedert.

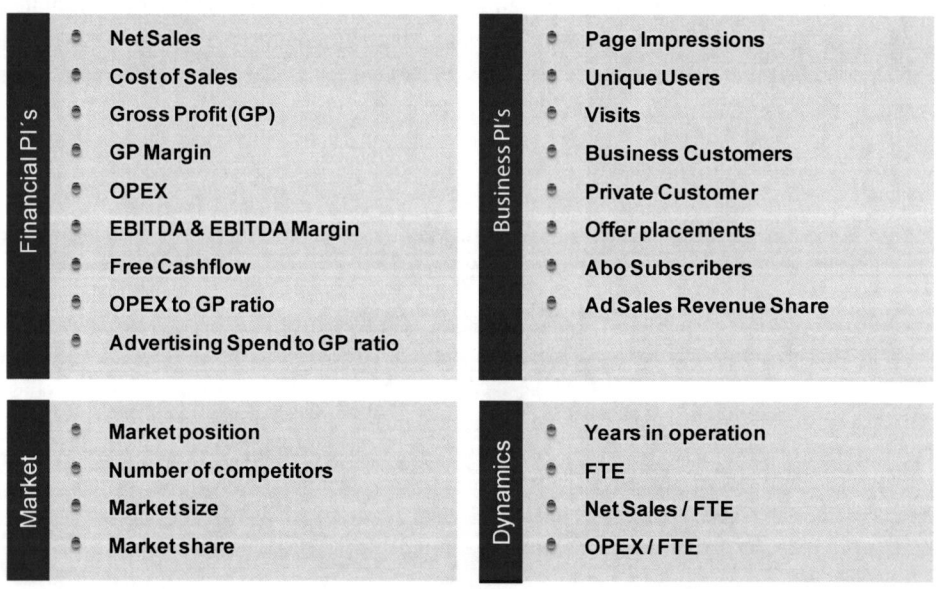

Die Financial und die Business KPIs sind sicherlich die vermuteten und erwarteten Messgrößen – wesentlich interessanter ist es, die beiden anderen Kategorien noch etwas intensiver zu beleuchten.

Für die Einschätzung der Position des jeweiligen Verticals ist es für das Management von wesentlicher Bedeutung, die aktuelle Marktposition zu kennen und damit einschätzen zu können, ob langfristig das strategische Ziel einer Marktführerschaft (definiert als einer der Top 3 Player im relevanten Markt) erreicht wird oder nicht. Diese Validierung hat eine hohe wirtschaftliche Bedeutung, um die begrenzten Investitionsmittel in die Verticals zu lenken, die diesem Anspruch mittelfristig auch genügen können. Ansonsten muss konsequenterweise umgehend eine Schließung des Verticals an sich oder ein Rückzug aus diesem Markt veranlasst werden.

Um die jeweiligen Ergebnisse der Financial, Business und Market Performance auch im Kontext der jeweiligen Entwicklungsstufe des Verticals einzuordnen, erfolgte der Aufbau der Dynamics Kategorie. Mithilfe dieser Indikatoren können die erzielten Ergebnisse zum einen ins Verhältnis zu den Erfahrungswerten der bereits länger agierenden Verticals gesetzt werden, zum anderen zeigen die Net Sales und OPEX Ratios, ob die Entwicklung in die „richtige" Richtung zeigt und die Kennzahlen auf einem vergleichbaren Niveau liegen.

Data Phase

3

Ziel der Data Phase ist es, ein definitorisches **Data Dictionary** für die selektierten Indikatoren zu erstellen, sowie die Quellen und den Prozess der Datenerhebung festzulegen.

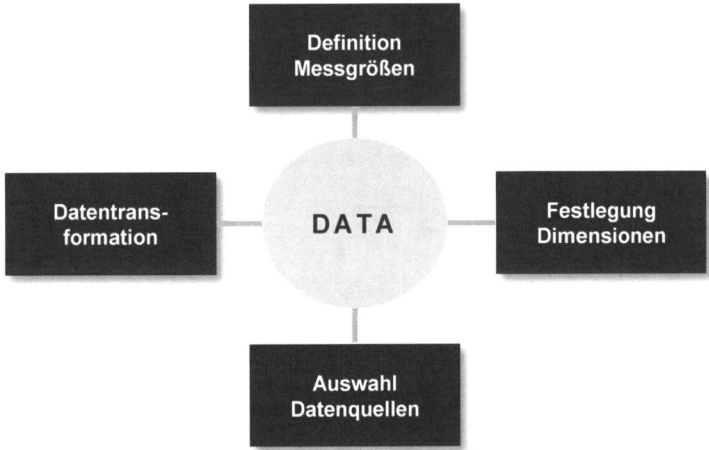

Diese Phase wird oft nach dem Motto „Die Daten hauen wir dann irgendwie in den Report rein, wir haben ja alles" unterschätzt und die Verantwortlichen springen gleich in die Design Phase des Reports. Die Erfahrung zeigt, dass dieser Ansatz absolut nicht zielführend ist – in der Data Phase gilt es, konsequent strukturiert vorzugehen und insbesondere alle möglichen Unklarheiten bezogen auf die selektierten Messgrößen nachhaltig

© Springer Fachmedien Wiesbaden 2016
T. Schmidt, *Praxisleitfaden Management Reporting*, DOI 10.1007/978-3-658-11565-4_3

und endgültig zu klären. Von der Definition der Eingangsgrößen über die Festlegung des Berechnungsmechanismus, die Auswahl der relevanten Vergleichsform bis hin zur Identifikation der „richtigen" Datenquelle. Nur so kann sichergestellt werden, dass das Management Reporting auch die Größen widerspiegelt, die inhaltlich gemeint sind und die relevante Aussagen zur Unternehmensperformance zulassen.

Eine weitere Anmerkung: Die Data Phase ist im Rahmen der drei Entwicklungsphasen eines Management Reportings die „unaufregendste". Während die Selection Phase sich durch eine herausfordernde, aber gleichzeitig auch spannende, konzeptionelle Arbeit auszeichnet und die Design Phase eine künstlerische, gestalterische Modellierung ermöglicht, zeichnet sich die Data Phase durch eine sehr strukturierte Vorgehensweise im Detail aus. Die Data Phase ermöglicht es dem Ersteller, sich in einen sehr interessanten Dialog mit Fachverantwortlichen und IT-Spezialisten zu begeben und ein tiefgehendes Verständnis über die Datenstrukturen des Unternehmens aufzubauen.

3.1   Definition der Messgrößen

In diesem Schritt werden die folgenden zwei wesentlichen Aspekte der Messgrößen geklärt, definiert und beschrieben:

- die Eindeutigkeit der Basisgrößen und
- die Berechnungsregeln der kombinatorischen Kennzahlen

3.1.1   Eindeutigkeit der Basisgrößen

Mit der Eindeutigkeit der Basisgrößen ist gemeint, unternehmensweit zu analysieren und sicherzustellen, dass alle Beteiligten (und insbesondere auch die Adressaten) dasselbe Verständnis von den selektierten Messgrößen haben.

Ein Umstand, der sich im ersten Schritt eher banal anhört, aber in der Realität leider häufig so nicht gilt. In neun von zehn Fällen führt die Frage nach der Definition der Größe „Umsatz" innerhalb eines Unternehmens zu mindestens zwei divergierenden Aussagen. Der Vertrieb ist mit seinem Verständnis meist eher in der Nähe von einer Größe ähnlich dem Auftragseingang, während das Accounting den periodengerechten, belegbaren und realisierten Umsatz meint.

Ein illustratives Beispiel dazu: In einem Telekommunikationsunternehmen werden über den Vertrieb Kundenaufträge über die Kanäle Geschäftskundenvertrieb und Privatkundenvertrieb abgeschlossen und in einem Auftragserfassungssystem erfasst. Aufgrund der zweiwöchigen Widerspruchsfrist können die Kunden von ihrer Unterschrift zurücktreten und es besteht auch die Möglichkeit, dass der Auftrag vom Unternehmen abgelehnt wird, da er technisch nicht realisierbar ist. Am Monatsende, im Rahmen der Erhebung der Basisdaten, steht die Frage im Raum: „Wie hoch war der Auftragseingang in diesem Monat?" Der Vertrieb liefert seine Zahlen und ebenso das Kundemanagement – mit dem überraschenden Ergebnis, dass zwei deutlich von einander abweichende Werte angeliefert werden, obwohl alle Beteiligten vom „Auftragseingang" sprechen. Der Grund für die divergierenden Zahlen liegt in der Betrachtungsweise – der Vertrieb hat die aus seiner Sicht relevante Zahl der abgeschlossenen Neu-Verträge gemeldet, das Kundenmanagement dagegen den tatsächlich relevanten Neukundenzugang ermittelt, d. h. Auftragseingang des Monats nach Korrektur um die Kundenstornos und die abgelehnten Aufträge.

Die Lösung der Thematik kann in zwei Ansätzen erfolgen – entweder werden zwei Begriffe gewählt (z. B. Brutto-Auftragseingang und Netto-Auftragseingang) oder nur eine Größe zur relevanten unternehmensweit gültigen Messgröße erklärt (was vermutlich die Netto-Auftragsgröße wäre, da nur diese im nächsten Schritt auch umsatzgenerierend wirkt).

Die Überprüfung aller Basisgrößen auf ihre Eindeutigkeit muss deshalb zwangsweise erfolgen und sollte in den Fällen einer unterschiedlichen unternehmensinternen Sichtweise auch entsprechend im Data Dictionary dokumentiert werden.

3.1.2 Berechnungsregeln für Kennzahlen

Mindestens ebenso wichtig ist die Klärung der Berechnungsregeln bei kombinatorischen Kennzahlen. Nur wenn die rechnerische Ermittlung einer Kennzahl dokumentiert und transparent nachvollziehbar ist, wird diese auch die gewünschte Relevanz bei den Adressaten erzielen.

Zur Illustration der Bedeutung ein Beispiel aus der Praxis: Für Mobilfunkunternehmen ist der Bestand an Vertragskunden von entscheidender Bedeutung für die Bewertung der Nachhaltigkeit des Umsatzes in der Zukunft. Kunden, die den Anbieter verlassen und zu einem Wettbewerber wechseln sind damit gleichbedeutend mit einem zu erwartenden Umsatzverlust und deshalb eigentlich immer ein strategisches Beobachtungsfeld. Branchenintern hat sich dabei die sogenannte „Churn Rate", zu Deutsch die „Wechselrate", als einer der Schlüsselindikatoren herauskristallisiert. Diese Kennzahl gibt Auskunft darüber, wie viele Kunden im Verhältnis zum Kundebestand das Unternehmen verlassen haben – inhaltlich ähnlich eine Lagerabgangsquote in der Logistik.

Diese kombinatorische Kennzahl setzt sich logisch zusammen aus den Kunden, die in einer Periode das Unternehmen verlassen haben, im Verhältnis zum Kundenbestand. Nur wie ist die Berechnungsform ganz konkret bezogen auf alle Basisgrößen?

Berechnungsvarianten Churn Rate

AB - Anfangsbestand	100
+ Zugänge	+50
- Abgänge	-20
EB - Endbestand	130
DB - Durchschnitt	115

Churn Rate

	Wert	Definition
Variante A	20,0%	Abgänge / AB
Variante B	15,4%	Abgänge / EB
Variante C	17,4%	Abgänge / DB

Das Beispiel zeigt, dass in Abhängigkeit von der Definition der Berechnung das Ergebnis der Messgröße im Maximum um bis zu 4,6 Prozentpunkte variieren kann.

Dies macht deutlich, welchen massiven Einfluss eine Kennzahlendefinition auf die Ergebniswerte einer Messgröße haben kann. Am Ende ist es entscheidend, *eine* Berechnungsform zu wählen und diese konsistent im Unternehmen zu verankern. Damit wird sichergestellt, dass alle Dimensionen der Messgröße (Plan, Ist, Forecast etc.) auf ein und derselben Berechnungsgrundlage vorgenommen werden und ihre Vergleichbarkeit eindeutig gegeben ist.

Somit ist es notwendig, auch die konkreten Berechnungsregeln und die korrespondierenden Basisgrößen im Data Dictionary zu beschreiben und abzulegen.

Im Falle der Verwendung von externen Größen (Marktzahlen, Kundenindices etc.) muss ebenfalls die Definition dieser Messgröße soweit wie möglich validiert werden, d. h. eine Klärung darüber herbeizuführen, wie und auf welcher Basis die Kennzahl generiert wird. Nur so ist es dem Adressaten des Reportings möglich, die ausgewiesene Messgröße inhaltlich richtig einzuordnen.

Noch wesentlich wichtiger ist diese Klärung, wenn externe Kennzahlen mit internen Zahlen in Relation gebracht werden, um die eigene Performance gegen den Markt zu spiegeln. Für eine Vergleichbarkeit ist es zwingend erforderlich, die Berechnungsregeln zu kennen und auf die eigenen Daten zu transferieren, da ansonsten Äpfel mit Birnen verglichen werden und die Gefahr einer Fehlinterpretation entsteht.

In der Fashionbranche gibt es dazu ein prominentes Beispiel – die sogenannte „flächenbereinigte Umsatzperformance". Ziel ist es festzustellen, ob die Kollektion eines Fashionanbieters auf einer vergleichbaren Fläche im Jahresvergleich besser oder schlechter performt hat, d. h. eine Beurteilung unabhängig vom Flächenwachstum (zusätzliche Flächen/ Verkaufspunkte) oder auch einer Flächenminderung (Schließung von Filialen/Verkaufspunkten) vorzunehmen. Für die Definition der Flächenbereinigung gibt es unterschiedliche Ausprägungen:

Definition Flächenbereinigung		weich	mittel	hart
Vergleichszeitraum	Dieselbe Fläche wird seit 24 Monaten mit Ware versorgt	√	√	√
Flächengröße	Die Fläche wurde weder vergrößert noch verkleinert		√	√
Flächenposition	Die Fläche ist (auch bei einem Partner) an derselben Stelle geblieben			√
Flächenausstattung	Die Fläche hat dieselbe Ausstattung (kein neuer Ladenbau/Umbau)			√
Flächenpersonal	Die Fläche wurde verkaufsseitig gleichbleibend betreut			√

Die Stringenz der Definition schlägt sich auch im Ergebnis signifikant nieder – im Falle der „harten" Definition erhält man die tatsächliche destillierte Performance der Kollektion auf der Fläche, während in den beiden anderen Ausprägungen noch kollektionsunabhängige Effekte in die Messgrößen hineinspielen. Würde man einen Vergleich der normalerweise angewendeten „weichen" Branchendefinition mit einer „harten" internen Herleitung vornehmen, so wäre die Schlussfolgerung, bei einer negativen Performanceabweichung der eigenen Kollektion gegenüber dem Branchenwert ein Produktproblem zu diagnostizieren voraussichtlich nicht treffend und könnte zu falschen Management-Entscheidungen führen.

Abschließend noch ein weiterer Hinweis: Oftmals werden für ein und dieselbe Messgröße unterschiedliche Bezeichnungen im Unternehmen verwendet. Hier ist es die Aufgabe des Verantwortlichen für das Management Reporting, klare und einheitliche Begrifflichkeiten zu schaffen, die auch so im Data Dictionary abgelegt werden. Das gilt genauso für die mögliche Notwendigkeit, die KPIs auch in anderen Sprachen zu benennen (z. B. bei anglo-amerikanischen Adressaten). Auch diese fremdsprachliche Bezeichnung sollte vorab im Data Dictionary festgeschrieben werden – nichts ist schlimmer, als bei der Analyse des Reporting über ein unterschiedliches Verständnis der Zahlenbasis zu diskutieren anstatt über Performanceabweichungen und ihre Handlungsindikationen.

Eine beispielhafte Darstellung eines Data Dictionary erfolgt nach dem Abschluss des Gesamtkapitels – darin sind dann auch exemplarisch Beispiele für die Datendefinition enthalten.

3.2 Festlegung der Datendimensionen

Nach der Klärung der Datendefinitionen muss im nächsten Schritt eine Festlegung der Datendimensionen erfolgen. Dies umfasst

- die Auswahl der Vergleichsgrößen und
- der gewünschten Zeitvergleichsform.

Auch diese beiden Aspekte strahlen bei einer ersten Bewertung eine gewisse Banalität aus, haben aber eine ganz wesentliche und entscheidende Bedeutung für die Qualität der Ergebnisanalyse.

3.2.1   Auswahl der Vergleichsgrößen

Ganz grundsätzlicher Art ist die Auswahl der Vergleichsgrößen – also die Frage, womit vergleicht man die erhobene Ist-Größe vergleicht.

Im Wesentlichen gibt es folgende mögliche Dimensionen

- Plan/Budget/Forecast,
- Vorjahr und
- externer (Markt)Wert

Die Auswahl hängt von den Planungsrhythmen des Unternehmens, von der Relevanz historischer Vergleiche und der Anwendbarkeit externer Werte ab.

Gesetzt ist aus der Rationalität des Reportings der aktuelle *Planwert* für die entsprechende(n) Periode(n). Dieser leitet sich in der Regel aus dem Budget ab und ist standardmäßig vorhanden für alle Financials des Unternehmens.

Bei den Non-Financials ist diese Thematik wiederum deutlich anderes. Oftmals werden im Budgetprozess für die unterstellten/erwarteten Entwicklungen und korrespondierenden Wertereihen lediglich Eckdaten geplant. Sollte dies der Fall sein, so ist es äußerst wichtig, im nächsten Forecast bzw. spätestens in der nächsten Budgetrunde die Planung um die ausgewählten non-financial Zielgrößen zu erweitern. Aus Erfahrung an dieser Stelle der Hinweis, dass damit auch die Planungsqualität und -transparenz nachhaltig verbessert wird. Für das Management Reporting gilt: Jede numerische non-financial Plan-Zahl – aus dem Indicators Set – ist besser als keine!

Eine weitere grundsätzliche Fragestellung im Rahmen der Auswahl ist die Frage nach dem Inhalt des Planwertes. Für die ersten Monate bzw. das erste Quartal ist der Budgetwert an sich gesetzt, aber wie soll im Reporting ein möglicherweise vorhandener *Forecast* abgebildet werden? Die Antwort auf diese Frage muss in Abstimmung mit dem Management und den Stakeholdern herbeigeführt werden, denn sie ist entscheidend für die Akzeptanz der gelieferten Zahlen und den grundsätzlichen Aufbau des Reportings. Ein mögliches Ergebnis kann auch sein, beide Werte ins Reporting mit aufzunehmen, also sowohl Budget- als auch Forecast-Werte, was allerdings die Datenhaltung kompliziert und der Übersichtlichkeit des Reportings eher zuwiderläuft.

Bei relativ konstanten Geschäftsverläufen und stetigen Märkten ist ein *Vorjahresvergleich* oftmals sehr aufschlussreich und ermöglicht, die aktuelle Performance in eine Relation der bisherigen Ergebnisentwicklung einzuordnen. Ein Verzicht auf die Vorjahreszahlen ist nur schwer zu argumentieren und kann lediglich dann vorgenommen werden, wenn die Messgrößen zu einem Geschäftsfeld gehören, das entweder in einem extrem dynamisch wachsenden Umfeld agiert, oder aber, wenn das Marktumfeld hochgradig volatil ist.

Zusätzlich zum Vorjahr kann es in Abhängigkeit von der Messgröße und den strategischen Zielen zusätzlich sinnvoll sein, Mehrjahresvergleiche vorzunehmen.

Bei Vergleichen mit *externen Marktwerten* bestimmt die Verfügbarkeit der externen Zahlen die Dimension. Häufig sind kontinuierliche und konsistente Zahlenreihen über Jahre hinweg nur bedingt verfügbar, sodass am Ende ein aktueller Periodenvergleich als einzig sinnvolle Vergleichsgröße verbleibt.

3.2.2 Auswahl der Zeitvergleichsform

Die zweite grundsätzliche Frage bei den Datendimensionen stellt sich in Bezug auf die gewünschte Zeitvergleichsform – also die Frage, welchen Periodenvergleich man an die erhobene Ist-Größe legt.

Diese Frage ist eigentlich nur im Kontext mit den jeweiligen Unternehmen „richtig" zu beantworten, da in diesem Zusammenhang geklärt werden kann, wie die Dynamik der Unternehmensentwicklung am besten sichtbar gemacht werden kann.

Offensichtlich ist die Option eines *Vergleiches der Periodenwerte* miteinander, d. h. Ist vs. Plan der Periode, die dann auch die Grundlage für die periodengerechte Abweichungsanalyse stellt. Diese Form des Zeitvergleiches bietet sich immer dann an, wenn das Unternehmen in einem relativ konstanten und stetigen Umfeld agiert und die Periodenwerte an sich einem bekannten und erwarteten kalendarischen Verlauf folgen (der hoffentlich so auch in der Planung abgebildet ist).

Handelt es sich jedoch um ein stark wachsendes Unternehmen/Geschäftsbereich mit einem kalendarisch sehr volatilen Geschäftsverlauf, so ist die Variante des *kumulativen Periodenvergleiches* deutlich sinnvoller. Periodische Ausreißer oder Sondereffekte durch Periodenverschiebungen verlieren an Einfluss und die Analyse richtet sich eher auf die Frage „Was haben wir bis hierhin erreicht?". Oftmals ergänzt um die Fragestellung nach dem dann noch zu erreichenden „offenen" Planwert in dem verbleibenden Periodenverlauf. Auch wenn viele Verantwortliche im Management historisch geprägt den Einzelperiodenvergleich als absolute Notwendigkeit ansehen, zeigt die Erfahrung, dass oftmals tatsächlich nur die kumulative Vergleichsform vonnöten ist. Es ist die Aufgabe des Verantwortlichen für das Management Reporting, diesen Umstand immer wieder zu kommunizieren, um die Signifikanz des Reportings sicherzustellen.

Noch prägnanter können *Entwicklungsverläufe* wirken, bei denen die Ist- und Planwerte im Zeitablauf abgebildet werden, d. h. für alle abgelaufenen Perioden erfolgt die Darstellung der Ist- und Plan-Zahlen (tabellarisch oder in grafischer Form). Diese Vergleichsform ist unabdingbar bei der Ableitung von Performancetrends und ihrer möglichen Fortschreibung in einem Forecast.

Bei der Auswahl der Zeitvergleichsformen ist zu berücksichtigen, dass für jeden ausgewählten Performance Indicator die jeweils passende Form zu finden ist – was im Ergebnis dazu führt, dass wahrscheinlich alle Formen ihre Anwendung finden.

Zum Abschluss des Kapitels nochmals eine prägnante Übersicht, die die Aspekte der Frage nach den Datendimensionen illustriert.

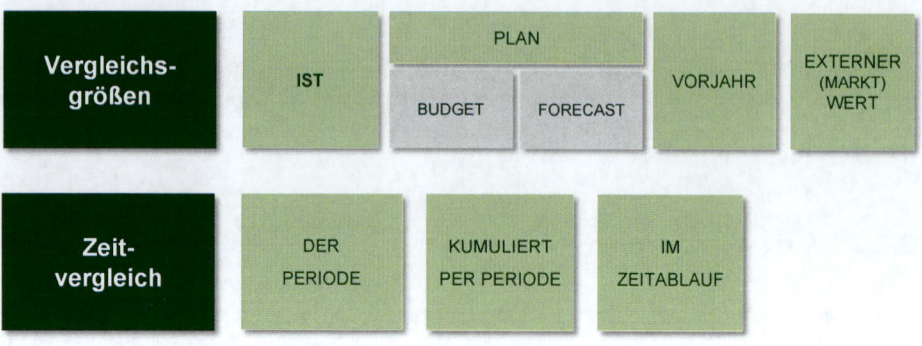

3.3   Auswahl der Datenquellen

Nachdem festgelegt ist, welche Daten in welchen Dimensionen verwendet werden sollen, stellt sich nun die Frage nach der Herkunft der numerischen Periodenwerte. Datenverfügbarkeit an sich ist heutzutage i. d. R. kein Problem in einem Unternehmen und alle Daten liegen irgendwo in irgendeiner Form vor.

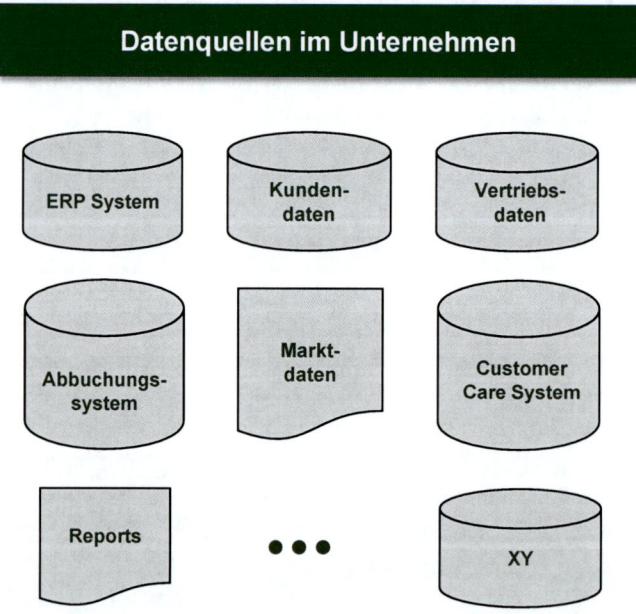

Neben den Einzelsystemen und ihrer Datenhaltung existiert manchmal auch bereits ein Data Warehouse, in dem viele Daten verdichtet hinterlegt sind. Wenn dieses vorhanden ist, so ist es auch die erste Anlaufstelle, um zu überprüfen, ob die gesuchten Daten direkt aus dem Data Warehouse zur Verfügung gestellt werden können. Die Erfahrung zeigt allerdings, dass oftmals zwar viele Daten im Data Warehouse abgelegt werden, diese aber nicht in der richtigen Dimension und Periodizität vorliegen oder aber gar nicht ihren Eingang in das Data Warehouse gefunden haben. Am Ende werden die Management Reporting-Daten aus multiplen Quellen kommen.

Bei der Recherche der Datenherkunft muss weiterhin strikt strukturiert vorgegangen werden und für jeden Indikator die spezifische Quellenangabe erfolgen. Es kann durchaus vorkommen, dass die Quellenanalyse dazu führt, dass die Datendefinition oder aber die Datendimensionen nochmals angepasst werden müssen, denn am Ende kann das Reporting nur die Daten verarbeiten, die in entsprechender Form vorliegen.

Während der Datenquellenanalyse, die i. d. R. in Interviews oder Workshops durchgeführt wird, ist es sinnvoll, bereits die Verantwortlichkeit der Anlieferung der Daten zu klären, d. h. mit dem System- oder Datenverantwortlichen zu klären, wann wer welche Daten an das Reporting-Team liefert, denn das reine Vorhandensein einer Datenquelle sorgt noch nicht für eine termingenaue Verarbeitung.

3.4 Festlegung der Datentransformation

Eigentlich parallel bzw. innerhalb der Analyse der Datenquelle muss eine Festlegung erfolgen, in welchen Formaten die Daten aus der Datenquelle extrahiert werden können.

In diesem Schritt geht es dabei nur um die Überführung der Daten aus ihren Quellen in einen Datensammler, der streng strukturiert die Daten aufnimmt – der **Data Mart** des Management Reporting. Berechnungen und Darstellungen der Daten erfolgen dann im eigentlichen Report.

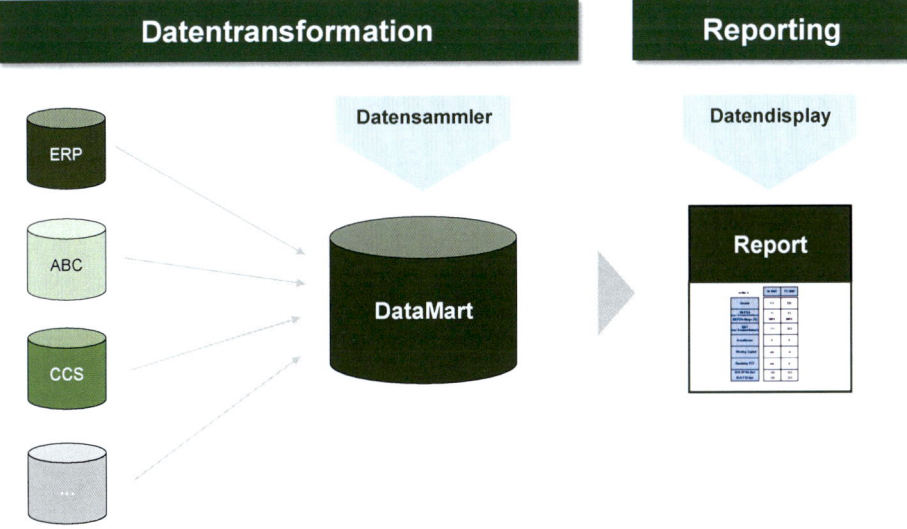

Es ist dabei wichtig, nur wirkliche Basisdaten zu transferieren und im Data Mart abzulegen. Die Berechnungen von kombinatorischen Indikatoren, von Abweichungen oder relativen Größen erfolgt ausschließlich im Report selbst. Nur so kann sichergestellt werden,
dass die festgelegte Definition (und damit auch Berechnungsregel) auch sauber und nachvollziehbar angewendet wird.

Das Ziel ist *nicht* ein neues IT-Reporting-System zu entwickeln, sondern die Zusam-
menführung, Steuerung und Verknüpfung bereits bestehender Daten zu einer konsistenten
Datenbasis für das Reporting.

Der Data Mart an sich – als Sammler der Daten in strukturierter Form – kann entweder
in einem Data Cube des Business Intelligence Systems (BI-Tool) angelegt werden oder
aber auch ganz banal als Microsoft Excel Datei. Entscheidend ist, in welcher Form das
Reporting-Tool am Ende einfacher und fehlerresistenter auf die Daten zugreifen kann.

Da das Management Reporting durch die Fokussierung auf die relevanten KPIs einen
– aus Sicht des Datenmanagements– überschaubaren Umfang haben sollte, ist die Anwendung der einfachen und easy-to-handle Variante mit Microsoft Excel oftmals die beste
Lösung. Unterstützt wird dieses Votum durch die empfohlene Anwendung von Microsoft Excel als Reporting-Tool (siehe nächster Abschnitt). So ist dann eine Systeminte-
grität hergestellt, die eine mögliche Fehlerquelle durch eine weitere Datenschnittstelle
ausschließt.

Die Frage nach der ganz konkreten Datentransformation von Daten ist nur system-
spezifisch zu beantworten – häufige genutzte Formen sind csv/txt files oder aber Excel
Exportfunktionen, die innerhalb der vorhandenen Systeme zur Verfügung stehen.

3.5 Case Study Data Dictionary

Zur Illustration der Vorgehensweise in der Data Phase und des angestrebten Ergebnisses,
ein Ausriss aus zwei Beispielen für ein Data Dictionary.

1. Sales Performance – Multi Brand Fashion Unternehmen

Bereich	Segment	Business Unit(s)	Business Area	Country	Beobachtungsfeld	Messfeld	Messgröße	Definition	Unit	Dimension	Database
Sales Performance	Retail	eCommerce		DE / AT	Seitenbesucher	Frequenz	Unique Users	Systembasiert	#	ACT / BUD	eSystem
					Wandlung Besucher -> Käufer	Käufer	Conversion Rate	Käufer / Besucher	%	ACT / BUD	eSystem
					Umsatz / Kunde	Warenkorb (inkl. MWSt)	Average Oder Size	Net Sales / Käufer	EUR	ACT / BUD	eSystem
		Outlet		DE	Umsatzentwicklung	Retailumsatz	Cash Sales	Cash Sales	T EUR	ACT / BUD / PY	Store System
	Wholesale	alle Marken	Stores	alle Länder	Expansion	Bestand POS	Net Expansion	POS SoY - Loss + Gross	#	ACT / BUD / PY	Oracle
			SiS	alle Länder	Expansion	Bestand POS	Net Expansion	POS SoY - Loss + Gross	#	ACT / BUD / PY	Oracle
		alle Marken	all channels	alle Länder	Sell-In	Pre-Order Collection	Customer Sales	Systembasiert	T EUR	ACT / BUD / PY	Oracle
				nach Ländercluster			Number POS by channel	Zuordung Oracle	#	ACT / BUD / PY	Oracle
				nach Ländercluster			Number of Orders	Systembasiert	#	ACT / BUD / PY	Oracle
				nach Channel			Average Order size	Customer Sales / # Orders	EUR	ACT / BUD / PY	Oracle
		alle Marken	Stores	DE / AT / CH	Store Profitabilität	Store Rendite	EBT	External Data Definiton	EBT	ACT	External

Die Darstellung zeigt das definierte Beobachtungsfeld, seine Zerlegung in Segmente und die korrespondierenden Messgrößen sowie deren Bezeichnung und Definition. Abschließend folgt der Hinweis auf die entsprechende Datenquelle.

Interessant ist hierbei, dass die beiden Segmente dieses Data Dictionary eines Multi Brand Fashion Unternehmens der Strukturierung nach den Vertriebskanälen folgen und damit die Umsätze der einzelnen Marken in dieser Betrachtungsweise als nachrangiert klassifiziert wurden. Aus Sicht der Beurteilung einer Sales Performance ist diese Form absolut sinnvoll und ermöglicht eine Analyse der Performance der Kanäle untereinander und zeigt gleichzeitig deren unterschiedliche Dynamiken auf.

2. **Mitarbeiter Kennzahlen**

Index	Bezeichnung -deutsch-	Bezeichnung -englisch-	Kategorie	Beschreibung	Definition	Dimensionen							gemessen in	Quellsystem	Lieferant
						VVJ	VJ	BUD	ACT	VM	MO	YTD			
KP001	Anzahl Mitarbeiter - MA	Headcount	HR	Anzahl festangestellte MA	Mitarbeiter mit einem Festanstellungsvertrag	x	x	x	x		x		Headcount	SAP	HR
KP002	Mitarbeiterkapazität	FTE	HR	Arbeitszeit der MA	Arbeitszeit MA / tariflich festgelegte Arbeitszeit	x	x	x	x		x		FTE	SAP	HR
KP003	Zeitarbeitskräfte - ZAK	Temporary Staff	HR	Anzahl Zeitarbeitskräfte	Anzahl Zeitarbeitsverträge		x	x	x		x		FTE	SAP	HR

Dieser Teilausschnitt eines Data Dictionary macht nochmals deutlich, dass auch gefühlt „klare" Begrifflichkeiten definiert werden müssen. Die Nutzung der Kennzahl FTE ist weitverbreitet, aber eine Validierung der Definition im Sinne der zugrunde liegenden Bezugsgröße findet selten statt. Entscheidend ist, die Standard-Arbeitszeit des Unternehmens als Basisgröße der FTE-Berechnung zu verwenden und nicht die allgemein unterstellten 40 oder 37,5 Wochenstunden. Nur so kann bei der Frage nach einer Ausweitung der Personalkapazität eine adäquate Umrechnung in tatsächlich benötigte neue Mitarbeiter erfolgen.

Die Ausgaben für Zeitarbeitskräfte gehen häufig in einer der Dienstleistungskostenarten unter, sind aber im Grunde genommen eindeutig eine zugekaufte Personalkapazität, die auch entsprechend für eine Performanceanalyse auszuweisen ist.

Design Phase

4

Mit der Design Phase beginnt die finale Phase der Entwicklung des Management Reportings. Das Design ist einer *der* entscheidenden Faktoren für die Akzeptanz des Reportings und legt die Grundlage für die Wandlung von einem Datenfriedhof zu einem Management-Tool.

Ein prägendes Schlüsselerlebnis für die hohe Bedeutung des Designs war der Vergleich des eigenen internen Reports mit der Aufbereitung durch eine internationale Beratungsgesellschaft. Obwohl beiden Berichten die absolut identischen Werte zugrunde lagen, war der Output in seiner Form und Wirkung diametral unterschiedlich. Während der interne Report eher als reine Datenquelle betrachtet wurde (mit der entsprechenden Langweiligkeit bei der Lektüre), entwickelte der Beraterreport eine nicht gekannte „Magie" im Sinne seiner Entscheidungsrelevanz für die anstehende strategische Neuausrichtung. Interessanterweise empfanden die Adressaten den Report durch das sehr professionelle und ansprechende Design zudem als qualitativ hochwertiger.

Aus dieser und vielen anderen ähnlichen Erfahrungen lässt sich ableiten:

Das Design macht mindestens ein Drittel des Erfolges eines Management Reportings aus.

© Springer Fachmedien Wiesbaden 2016

T. Schmidt, *Praxisleitfaden Management Reporting*, DOI 10.1007/978-3-658-11565-4_4

Es ist das Ziel dieser Phase, alle Bausteine eines Reportdesigns festzulegen und dabei folgende Schritte zu durchlaufen:

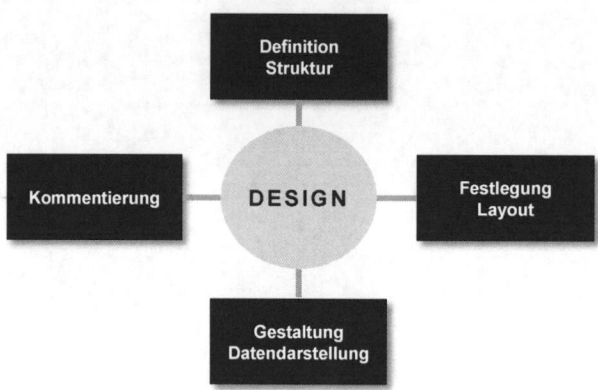

Weiterhin gilt es, sehr strukturiert vorzugehen, um sicherzustellen, dass zum einen alle selektierten Indikatoren ihren Eingang in das Reporting finden, zum anderen diese so dargestellt werden, dass die Aussagen bezüglich des Performancezustandes des Unternehmens nachvollziehbar und transparent und – wenn es gut gemacht ist – eigentlich auch offensichtlich sind.

4.1 Definition der Struktur

In diesem Schritt muss festgelegt werden, wie die grundsätzliche Struktur des Reports und seiner Teile aussehen soll, d. h. welchen Ordnungskriterien der Aufbau des Reports folgt, beeinflusst durch

- die strategischen Beobachtungsfelder/Segmente,
- den identifizierten Wertschöpfungsfluss und
- die Organisation.

In der Regel wird keines der Kriterien allein die Struktur dominieren, sondern es ergibt sich eine Mischung aus allen genannten Aspekten.

Auch wenn jeder Report in seiner Struktur dem Unternehmen und seiner strategischen Zielrichtung entsprechend ausgerichtet werden muss, so gibt es eine Art „Blaupause", der man als Ausgangsmodell folgen kann.

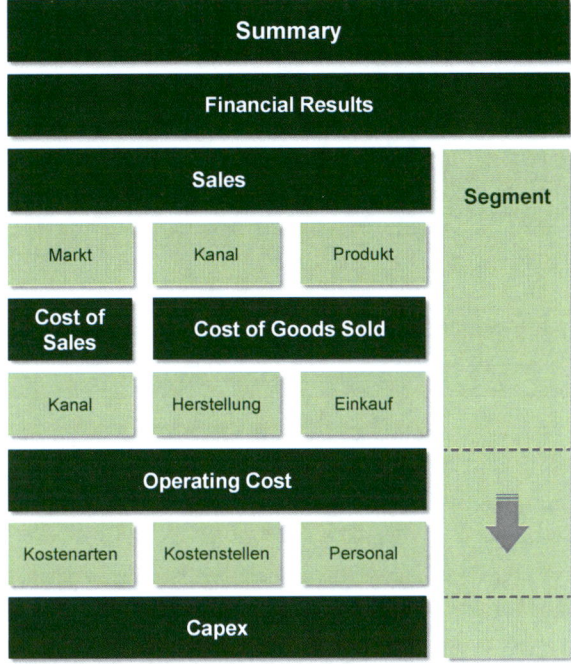

Für das **Summary** gilt, dieses erst am Ende der Entwicklungsphase zu strukturieren, da dann erst endgültig klar ist, welche inhaltlichen Elemente des Reports sich für eine Wiederholung im Summary qualifizieren.

Die Struktur der **Financial Results** ist naturgemäß angelehnt an die Struktur der GuV des Unternehmens, aber es handelt sich dabei *nicht* um eine vollständige GuV nach HGB oder IFRS, sondern vielmehr um eine Zusammenfassung der Erlös- und Kostenpositionen in einer komprimierten Darstellung. Zusätzliche mögliche Gestaltungselemente (die im Abschn. 4.3.6. Grafische Sonderformen noch weiter detailliert werden) neben der GuV sind zum Beispiel:

- eine EBITDA Bridge zur Überleitung von Plan zu Ist mit den wesentlichen Abweichungsverursachern
- eine additive Rohertragskette der Beiträge der einzelnen Produkte/Segmente/Business Units
- eine Umsatzmatrix nach Produkten/Kanälen/Ländern mit Abweichungsindikationen
- eine OPEX Abweichungsanalyse nach Verantwortungsbereichen

Die dargestellte Blaupause zeigt, dass die Grundstruktur oftmals dem **Wertschöpfungs-fluss** folgt (und damit dem financial flow der GuV), aber auch komplett übergreifende und integrative Elemente entstehen können. Dies gilt insbesondere im Falle von gesonderten strategischen Initiativen oder Geschäftsfeldern, bei denen es wichtig ist, die Performance ganzheitlich zu bewerten. Ein prominentes Beispiel der jüngeren Vergangenheit bei vielen Unternehmen ist die Erweiterung der Absatzbasis um eine E-Commerce-Aktivität (und damit oftmals erstmalig ein direkter Endkundenkontakt), über die nach ihrem Launch in einer integrativen Form mit einer eigenen Performancebewertung gesondert berichtet werden soll.

Die gewählten Schwerpunkte innerhalb der selektierten Kategorien folgen der strategischen Ausrichtung des Unternehmens und den identifizierten korrespondierenden Beobachtungsfeldern.

Die **Organisation** hat insofern einen signifikanten Einfluss auf die Strukturierung, da über die Verantwortlichkeit für die Ergebnisse auch immer eine Leistungsverbindlichkeit für das Management geschaffen wird. So muss ein Brand Manager für seine Marke verantwortlich sein und ein Logistik Manager für die financial und non-financial Performance aller logistischen Abläufe im Unternehmen (die hoffentlich so auch in der Organisation gebündelt in seinem Verantwortungsbereich liegen). Es sei an dieser Stelle erwähnt, dass die Entwicklung eines neuen Management Reportings auch durchaus zu einer Anpassung der Organisation führen kann, um so Ergebnis- und Organisationsverantwortung in Einklang zu bringen.

Ein Beispiel für die Strukturierung des Reports: Ein relativ junger Internet-Konzern, der hauptsächlich am deutschen Markt agiert, muss nach einer stürmischen Anfangsphase das weitere Wachstum managen und insbesondere zusätzlich zu dem bereits erfolgreichen Zugangsgeschäft (Access) auch das Produkt-/Application Business (Non-Access) zu einem erfolgreichen Geschäftsfeld machen. Die Kostenseite ist relativ einfach mit den Vorleistungskosten des Infrastrukturlieferanten und den eingesetzten Personalressourcen und deren korrespondierenden Sachkosten zu beschreiben. Die Investitionsvorhaben sind ausschließlich produktorientiert. Im Produktmarketing liegt die komplette Verantwortung für alle Produkte und naturgemäß ist kein klassischer Vertrieb notwendig, denn die Kundenansprache erfolgt ausschließlich über klassische Marketingkampagnen oder durch Online Marketing.

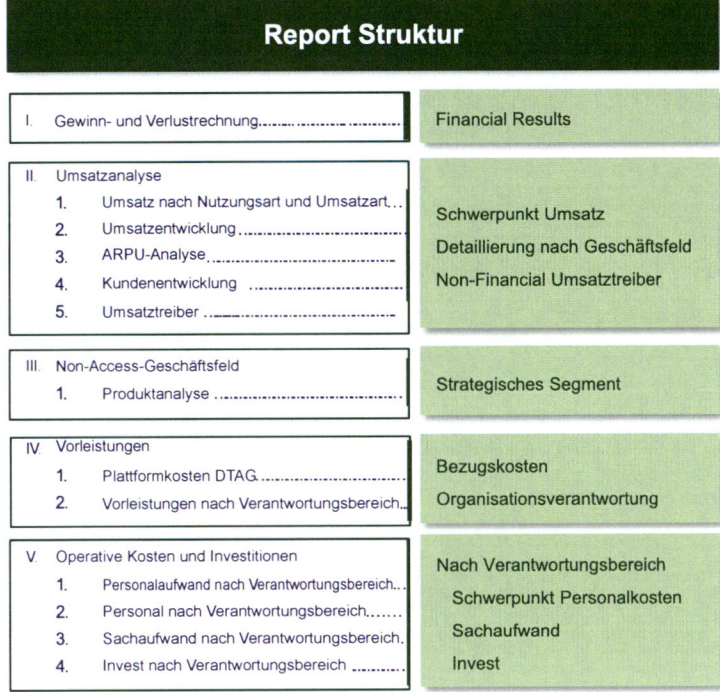

Die Struktur spiegelt passgenau die Anforderungen aus den strategischen Zielen wider, indem zum einen der Schwerpunkt auf der Umsatzgenerierung liegt und zum anderen das Non-Access Geschäftsfeld gesondert dargestellt wird. Des Weiteren ist der Übergang von unternehmensübergreifenden Analysen hin zu Verantwortungszuständigkeiten deutlich erkennbar.

Neben den genannten inhaltlichen Strukturierungsmerkmalen sollte beim Reportaufbau so weit als möglich berücksichtigt werden, eine Modularität zu schaffen, die es ermöglicht, Teile des Reports adressatengerecht zusammenzustellen. Mit einem modularen Berichtsaufbau lassen sich dann unterschiedliche Anforderungen ausgehend von einer Datenbasis erfüllen (Berichts-Kaskade).

Klassischerweise setzt sich der Adressatenkreis zusammen aus:

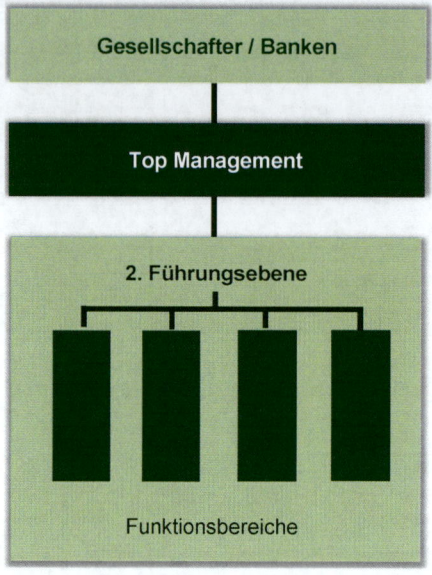

Nicht alle Adressaten sollten zwangläufig den identischen Report erhalten, sondern ihren Anforderungen entsprechend bedient werden. Insbesondere für externe Adressaten gelten häufig Einschränkungen bzgl. der Tiefe der Berichterstattung oder es sind spezielle Anforderungen definiert worden.

Zur Verdeutlichung ein Beispiel für eine deutsche AG, die keine externe Finanzierung benötigt, da sie über den Einzelgesellschafter finanziert wird. Das Reporting umfasst in diesem Fall auch die Berichte für die 2. Führungsebene sowie deren Zusammenfassung nach Vorstandsbereichen.

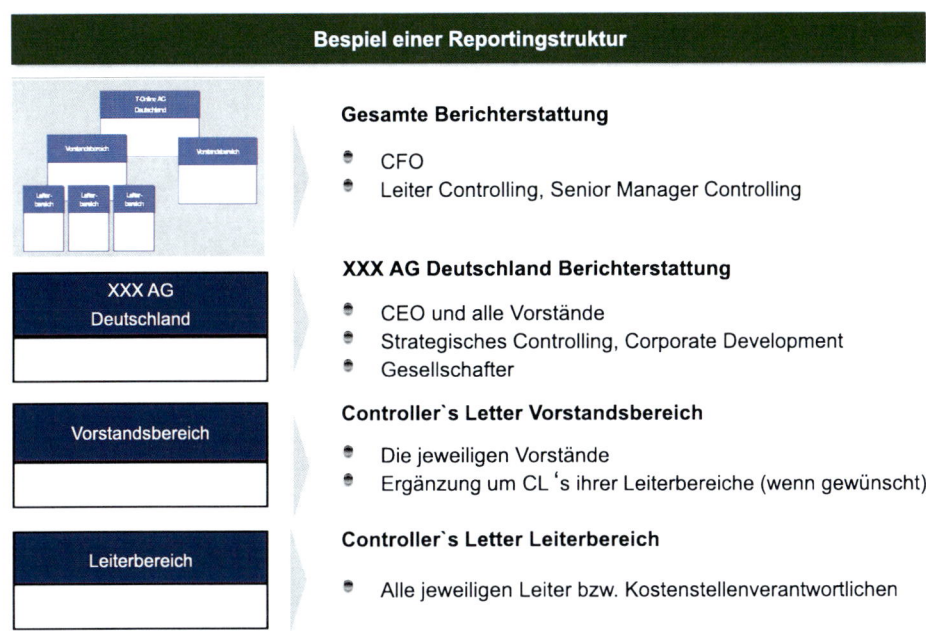

Gesamte Berichterstattung

- CFO
- Leiter Controlling, Senior Manager Controlling

XXX AG Deutschland Berichterstattung

- CEO und alle Vorstände
- Strategisches Controlling, Corporate Development
- Gesellschafter

Controller`s Letter Vorstandsbereich

- Die jeweiligen Vorstände
- Ergänzung um CL 's ihrer Leiterbereiche (wenn gewünscht)

Controller`s Letter Leiterbereich

- Alle jeweiligen Leiter bzw. Kostenstellenverantwortlichen

Das Management hat grundsätzlich den Report über die Gesellschaft in Summe erhalten, jeweils ergänzt um den Summenreport des zu verantwortenden Vorstandbereiches. Die jeweiligen Abteilungsleiter haben ihren Kostenstellenreport (hier Controller's Letter genannt) zur Verfügung gestellt bekommen, ohne das gesamte AG Reporting. Beim Ersteller des Management Reportings, dem Controlling, und dem CFO sind alle Daten zusammengelaufen und dort wird auch der komplette Report vorgehalten.

Wichtig bei der Gestaltung der Modularität ist, dass immer die Konsistenz gewahrt sein muss, d. h. die Berichte müssen in kaskadischer Form ineinandergreifen und im Sinne eines Drill-Down Summengrößen weiter detaillieren, aber nicht manipulieren.

Den Abschluss sollte die Darstellung der gewählten Struktur in Form eines **Inhalts-verzeichnisses** bilden – unabhängig davon, ob es im finalen Report genutzt wird oder nicht. Erfahrungsgemäß wird in etwa zwei Drittel der Fälle bei einer Neugestaltung des Management Reportings ein Inhaltsverzeichnis in den Report inkludiert.

4.2   Festlegung des Layout

Mit der Festlegung des Layouts ist nicht die gestalterische Art und Form der Darstellung der Werte gemeint, sondern die Definition des Rahmens für den Report.

Grundsätzlich ist eine gedruckte Form für den Management Report – trotz aller digitalen Möglichkeiten – immer noch die beste Form der Auslieferung. Alle Werte und Gra-

fiken kommen sauber und nachvollziehbar zur Geltung und der Leser kann seine eigene
Kommentierung aktiv hinzufügen. Natürlich sollte auch immer eine PDF-Version mitge-
liefert werden, um eine Darstellung auf digitalen Endgeräten zu ermöglichen.

Die Festlegung des Layouts teilt sich auf in die Fragen nach

- dem **Display** – die Darstellungsform des Reports
- der **Seitenkomposition** – der grundsätzlichen Aufteilung einer Seite
- dem **Aufbau** – Grundstruktur und Abfolge der Seiten

4.2.1   Auswahl eines Display

Die jeweilige Auswahl eines **Display**-Gestaltungskriteriums hat zum Teil interdependente
Wirkungen auf andere Optionen und zwangsläufig auch Einfluss auf die Freiheitsgrade
bei der Seitenstrukturierung.

Grundsätze des Display	
Größe:	A3, A4, A5
Sicht:	hochkant, quer
Druck:	einseitig, doppelseitig
Bindung:	Mappe, Ordner, Spirale, geklebt

Eine Kombination der Faktoren A4, hochkant und Ordner bedeutet, dass der Lochrand
links bei den Seitenrändern entsprechend zu berücksichtigen ist. Bei der Wahl eines dop-
pelseitigen Druckes können bei der Bindung nur Formen gewählt werden, die auch ein
Umblättern und „offenstehen" ermöglichen.

Aus der Erfahrung heraus hat sich eine Kombinatorik aus A4 – hochkant – doppelseitig
– spiralisiert als optimal herausgestellt, weil durch die Möglichkeit des Aufklappens und
Offenstehens für den Adressaten visuell eine A3 Seite entsteht und diese zwei Doppelsei-
ten dann inhaltlich optimal miteinander korrespondieren können.

4.2.2   Festlegung der Seitenkomposition

Im nächsten Schritt muss die Festlegung der Grundsätze der Seitenkomposition erfolgen – damit sind alle wesentlichen Stilelemente einer Seiteneinrichtung gemeint.

Grundsätze der Seitenkomposition	
Technisch:	Ränder, Kopfzeile/Fußnote,
	Seitennummern, Datum,
	Dateiname u.a.
Gestaltung:	Größe & Position Logo
	Titel & Überschriften
Strukturell:	2-/3-Teilung, Positionierung

Die Festlegung der technischen Parameter der Seitengestaltung erfolgt unter Abwägung der notwendigen Größenordnungen und der gleichzeitigen Optimierung eines maximalen Darstellungsraumes für die Werte und Grafiken.

Des Weiteren müssen Entscheidungen getroffen werden, wo und in welcher Größe das Logo platziert wird und die Titel sowie Überschriften ihren Platz finden. Wichtig dabei ist es, dass sich die Platzierungen dann konsequent auf *jeder* Seite an dieser Stelle wiederfinden – eine erneute Kreativität bezogen auf diese Gestaltungselementen auf den einzelnen Seiten sollte vermieden werden. Das sich wiederholende Grundraster der Seitenkomposition ist deshalb von so hoher Bedeutung, weil es dem Betrachter ermöglicht, sich nach dem einmaligen Erlernen dieser Struktur auf die sich periodisch verändernden Inhalte und Analysen zu konzentrieren und nicht Zeit darauf zu verwenden, neue Strukturen jeweils neu zu erlernen.

Die strukturelle Aufteilung der Seiten muss sich an den intellektuellen Erwartungen und dem gelernten visuellen Erfassen eines Lesers orientieren:

- das menschliche Auge beginnt immer oben mit der Wahrnehmung – bei einer Doppelseite oben rechts
- grafische Elemente sind links zu platzieren, da rechts dem rationellen Verstehen und damit einer detaillierten Erfassung von Zahlen und Worten dient
- im Leseablauf von oben nach unten erwartet der Wahrnehmende intuitiv eine Detaillierung des Sachverhaltes
- grafische Darstellungen und Tabellen müssen gut lesbar sein, ansonsten lehnt das menschliche Auge nahezu reflexartig die Wahrnehmung aufgrund der zu erwartenden Mühen ab

Dass die Darstellungselemente an sich (die Tabellen/Grafiken/Bilder/Texte) in sich gut ge-
staltet sein müssen, ist eine weitere Anforderung, auf die im Kap. 4.3. eingegangen wird.

In der Praxis hat sich die sogenannte 4-Fenster-Technik sehr bewährt, d. h. die Aufteilung einer rechteckigen Fläche in vier gleiche Teile, wobei es den beiden linken Elemen-
ten im Wesentlichen vorbehalten ist, mit Grafiken oder grafischen Adaptionen befüllt zu
werden, während rechts oben Tabellen ihren Platz finden und rechts unten eine integrierte
Kommentierung.

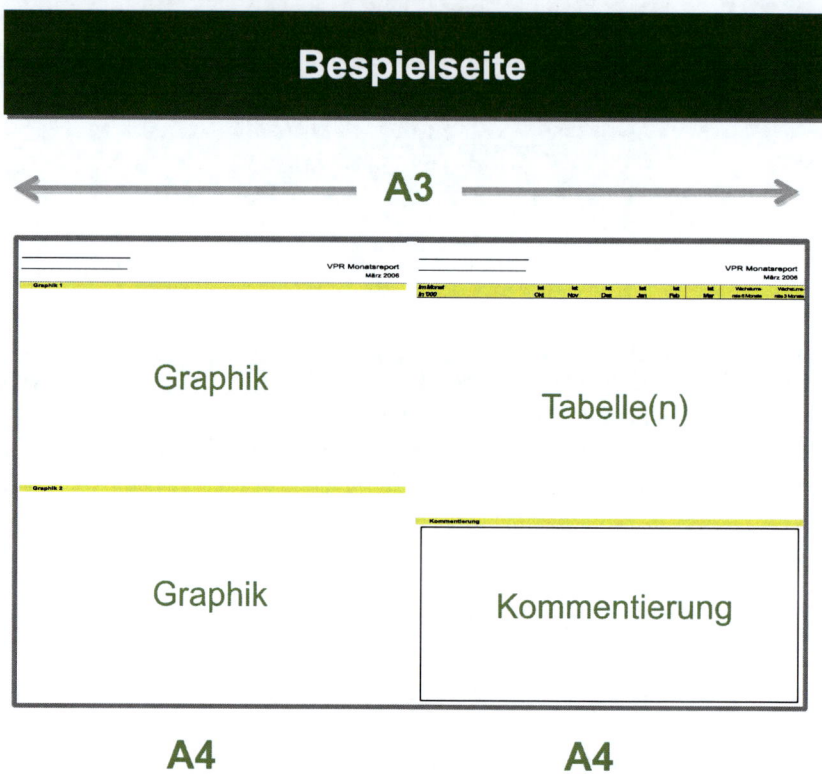

Die Beispielseite zeigt, wie die beschriebenen Elemente ihren Niederschlag in der Entwicklung der Festlegung des Designs gefunden haben. Es sei an dieser Stelle erwähnt, dass es sich hierbei um ein Musterbeispiel handelt, was nicht per se so bindend sein muss. Es kann durchaus der Fall sein, dass einzelne Elemente in Abhängigkeit von den darzustellenden Sachverhalten variieren – z. B. links drei statt zwei Grafiken, keine Kommentierung auf jeder Seite und stattdessen eine Tabelle oder Grafik. Aber wie bereits erwähnt: Eine Variation der festgelegten Grundstruktur sollte sich auf wohlüberlegte Sonderfälle beschränken.

4.2.3 Aufbau des Reports

Nachdem die Darstellungsform und das Display des Reports definiert sind, erfolgt abschließend die Festlegung des Aufbaues, d. h. welche weiteren Seiten neben den reinen inhaltlichen Reporting-Seiten noch im Bericht enthalten sein sollen. Im Kern ist das die Frage nach dem Deckblatt und dem Inhaltsverzeichnis.

Das **Deckblatt** ist inhaltlich mit wenigen Anforderungen ausgestattet – es muss zeigen,

- um welches Unternehmen/welchen Geschäftsbereich es sich handelt,
- über welche Periode berichtet wird,
- das Veröffentlichungsdatum und
- die Versionsnummer.

Neben den erwarteten Bausteinen zeigt die Versionsnummer den aktuellen Entwicklungsstand des Reports, der natürlich immer auch einer Weiterentwicklung unterliegt.

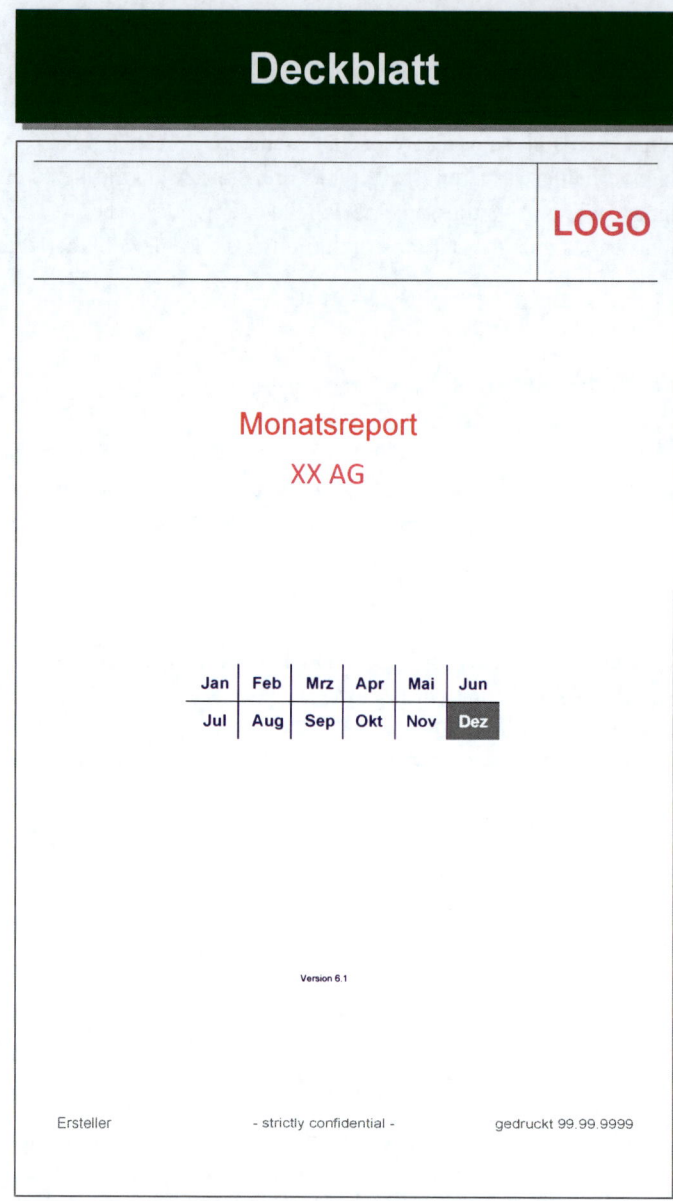

Das Beispieldeckblatt zeigt die Nutzung der gewählten Farbpalette mit der Corporate Color als Kernfarbe, ist auf die wesentlichen Kernelemente fokussiert und transportiert eine
angenehme professionelle Schlichtheit.

Des Weiteren ist ein interessantes Darstellungselement für die Periodenkennzeichnung genutzt worden, das sich aus der Erfahrung heraus sehr bewährt hat. Es ist grafisch ansprechend und präsent und ermöglicht dem Adressaten eine sehr schnelle periodische Einordnung des Reports.

Wie bereits beschrieben, kann ein **Inhaltsverzeichnis** dem Deckblatt folgen, wenn es dem Adressatenkreis die Lektüre des Reports deutlich erleichtert oder aber der Report auch in der Kommunikation innerhalb eines Konzerns eingesetzt wird. Aus reinen Reporting-Anforderungen heraus sollte sich der Report durch die gewählte inhaltliche Struktur dem Leser eigentlich selbsterklärend erschließen.

4.3 Gestaltung der Datendarstellung

Dieses Kapitel umfasst die Festlegung der wesentlichen Gestaltungselemente bezogen auf die grafische Darstellung des Reports:

- Schrifttype
- Logo
- Farbpalette
- Tabellenkomposition
- Diagramme
- Sonderformen

Alle diese Elemente müssen natürlich aufeinander abgestimmt sein, damit ein harmonisches Gesamtbild entsteht – eine Prüfung, die für den Report in Summe, aber auch für jede einzelne Seite des Reports vorgenommen werden sollte.

4.3.1 Auswahl der Schrifttype

Die Frage nach der Schriftart, d. h. der angewendeten Schrifttype (Font), beantwortet sich nahezu von allein, wenn es im Unternehmen einen definierten Schrifttyp gibt, der für alle Dokumente gilt – dann ist dieser zu wählen. Andersfalls können die verwendeten Schriftarten des Marketings angewendet werden oder aber die Schrifttype des möglicherweise vorhanden Jahresberichtes.

Sollte sich keine Schrifttype aus den genannten Gründen logisch herleiten lassen, so bleibt dem Gestalter des Reportings die Wahl, diese eigenständig festzulegen. Aus der Erfahrung heraus gelten dabei folgenden Anforderungen:

**Auswahl der Reporting
Schriftart (Font)**

- Der Schriftensatz sollte im Standardsatz der Office Anwendungen enthalten sein
- Klares Schriftbild und gute Lesbarkeit auch bei kleinerer Schriftgröße
- Keine Schreibschriften
- Keine Schriftart, deren Optik eine bestimmte Epoche, Stilrichtung oder ein bekanntes Image repräsentiert

Für die meisten Reporting-Anforderungen genügt eine Schriftart – mehr Schriftarten sollten nur dann genutzt werden, wenn man damit ein klares Ziel verfolgt (z. B. Zahlen in Tabellen und Grafiken immer anders als alle Überschriften und sonstigen Texte). Aber anstatt durch verschiedene Schriftarten die Textauszeichnung zu gestalten, ist es deutlich vorteilhafter, stattdessen unterschiedliche Schriftauszeichnungen (fett, kursiv, gesperrt etc.) innerhalb derselben Schriftart anzuwenden. Eine Anmerkung zur Textauszeichnung an dieser Stelle: Unterstreichen ist wirklich nur dann sinnvoll und akzeptabel, wenn andere Möglichkeiten einer Auszeichnung nicht gegeben sind.

Auch für die Schriftgrößen gibt es ein kleines Set an Anwendungsregeln:

- **Konsultationsgröße** – Schriftgröße von 6 bis 8 pt
  Für Grafik/Bild-Unterschriften und Quellenangaben – wird z. B. in Lexika, Telefonbüchern und Wörterbüchern verwendet.
- **Lesegröße** – Schriftgröße von 9 bis 14 pt
  Diese Schriftgröße stellt in der Regel die optimale Größe dar, um Zahlen und Texte zu erfassen – wird auch in Zeitungen, Zeitschriften, Artikeln und schriftlichen Ausführungen so genutzt.

Allerdings sind die angewendeten Schriftgrößen oftmals das Ergebnis einer Seitenkomposition insgesamt, d. h. einem Kompromiss aus notwendigem Grafik- und Textvolumen und vorhandenem Platz. In Summe sollten nicht mehr als drei bis vier Schriftgrößen genutzt werden, die dann auch konsequent für den gesamten Report gelten. Eine ständige Variation der Schriftgrößen würde ansonsten das menschliche Auge und die visuelle Erfassung ständig vor eine neue Adjustierungsaufgabe stellen.

4.3.2 Verwendung des Logos

Aus grafischen Gesichtspunkten und der Ästhetik des Reports ist die Nutzung des Logos zu empfehlen. Mindestens auf dem Deckblatt sollte das Logo präsent und gut sichtbar platziert sein, um die emotionale Bindung des Adressaten mit dem Unternehmen zu adressieren. Es hat sich gezeigt, dass auch die Integration des Logos auf jeder Seite des Reports für eine positive Reaktion sorgen kann. In diesem Falle ist darauf zu achten, dass das Logo zwar sichtbar ist, aber nur zurückhaltend im Rahmen der Grundstruktur der Seite (am besten oben rechts) verwendet wird.

4.3.3 Festlegung der Farbpalette

Die Beschäftigung mit dem Logo leitet in den nächsten Schritt der grafischen Gestaltung über – die Festlegung der genutzten Farbpalette.

Vorab dazu der Hinweis, dass die Farbgestaltung soweit als möglich nur für Grafiken bzw. die grafischen Elemente des Reports anzuwenden ist – bei der Wiedergabe der Zahlenwerte an sich sollte auf Farben verzichtet werden. Auch die gern genutzte Form der bedingten Formatierung, um negative Abweichung rot zu färben und positive Abweichungen grün, ist erfahrungsgemäß nicht hilfreich, sondern führt eher dazu, dass das Auge des Wahrnehmenden aufgrund der vielen Farbreize über die Seite „irrt".

Bei der Auswahl der Farbpalette sind die Farbgebung des Logos und die gegebenenfalls zusätzlich festgelegten Corporate Colors die wesentlichen Entscheidungsleitplanken.

Die eigentliche Kernfarbe für den Report sollte die Corporate Color sein, denn sie sichert auf einfachem Wege einen hohen Wiedererkennungswert des Reports. Auf Basis dieser Kernfarbe müssen im nächsten Schritt die Ergänzungsfarben gewählt werden. Dazu ein kurzer Ausflug in die Welt der Farben und ihrer Wirkungen mit- und gegeneinander.

Grundsätzlich hat jede Farbe einen Platz im Farbsechseck und führt zu einer emotionalen Bewertung durch den Betrachter in „warm" und „kalt".

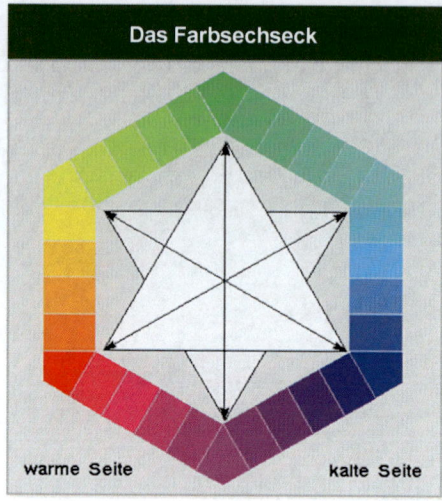

Es gilt dabei die Empfehlung, aufeinander folgende Farben innerhalb einer (oder mehrerer) der Seitenfarbstufen im Sechseck zu wählen und Farbkontraste zur Verdeutlichung von Unterschieden zu nutzen.

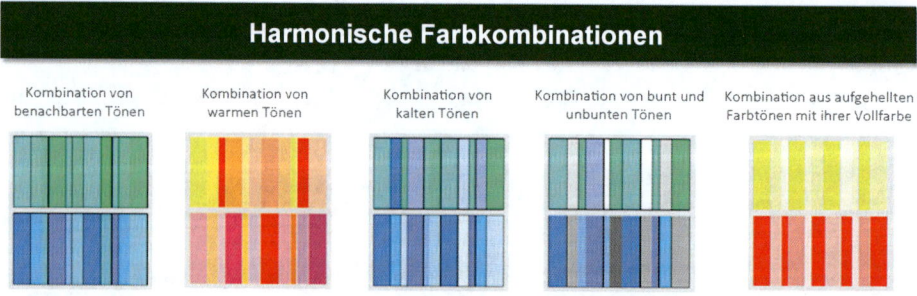

Insgesamt sollte die gewählte Farbpalette nicht mehr als fünf bis sechs Farben enthalten, da ansonsten die Stringenz der Präsentation verlorengeht – keine Tuschkastenanimation.

Neben der reinen Definition der Farbpalette ist in diesem Zusammenhang auch festzulegen, für welchen Zweck die Farben eingesetzt werden. Es hat sich gezeigt, dass auch hier eine konsequente und stringente Anwendung die Wahrnehmung nachhaltig erleichtert.

Eine mögliche Festlegung der Farbgebung in Grafiken könnte wie folgt aussehen:

Farben und Anwendungszweck	
Schwarz:	Ist-Werte
Dunkelrot:	Plan-Werte
Mittleres Grau:	Vorjahreswerte
Rot:	Negative Abweichung
Grün:	Positive Abweichung

Die Corporate Color eignet sich häufig für die Gestaltungselemente des Reports (Trennungsbalken, Rahmen, Unterlegungen u.ä.) und weniger für Zwecke innerhalb der Farbpalette. Eine mögliche Ausnahme ist die Anwendung einer dunklen Corporate Color als Farbton für die Ist-Werte (im Sinne der Abbildung der tatsächlich erreichten Performance des Unternehmens).

4.3.4 Entwicklung einer Tabellenkomposition

Bei der **Tabellenkomposition** ist zuallererst zu berücksichtigen, welche Dimensionen im Rahmen der Datendefinition (siehe Abschn. 3.2) gewählt worden sind, denn diese bestimmen im Wesentlichen die Anzahl der abzubildenden Spalten.

Bei der Wiedergabe der *finanzwirtschaftlichen Zahlenwerte* (Ist- und Plan-Werte) muss die Festlegung erfolgen, in welcher Art Kostengrößen abgebildet werden. Aus den meisten ERP-Systemen heraus erfolgt eine Darstellung mit einem negativen Vorzeichen, die auch so übernommen werden kann, wenn dies die Philosophie im Unternehmen darstellt. Erfahrungsgemäß ist aber eine Darstellung als absolute Ganzzahl vorteilhafter, da zum einen deutlich weniger Zeichen in der Tabelle abgebildet werden und zum anderen negative Abweichungswerte mit ihrem Vorzeichen in gewisser Weise in der Wahrnehmung „untergehen".

Neben den datenwiedergebenden Spalten sind in diesem Zuge auch die Abweichungsberechnungen und deren Darstellung festzulegen. Für die Abweichungsberechnung gilt zwangsläufig die Vorgabe der Ermittlung der absoluten Abweichung gegenüber den gesetzten Plan-Werten, die dann entsprechend mit einem negativen Vorzeichen zu versehen sind. Gleiches gilt für die relative Abweichung in Bezug auf den Planwert. Bei Vorjahrsvergleichen gilt analog der Vorjahreswert als Bezugsgröße.

In Summe bedeutet dies, dass mindestens vier Wertespalten belegt sind: Ist, Plan, absolute Abweichung und relative Abweichung. Bei einem zusätzlichen Vergleich mit Forecast-Werten oder Vorjahreswerten sind noch weitere drei Spalten hinzuzufügen.

Ergänzt um die Bezeichnungsspalte ergibt sich in Summe eine Spaltenanzahl von acht. Das folgende Beispiel zeigt einen Standardaufbau einer Seite mit Financials.

TITEL Untertitel	Ist Monat EUR m	Budget Monat EUR m	Abweichung vs. Budget		Vorjahr Monat EUR m	Change vs Vorjahr	
			abs. EUR m	rel. %		abs. EUR m	rel. %
Wertbezeichnung	100,0	99,0	+ 1,0	+ 1,0%	90,0	+ 10,0	+11,1%

Nicht zu vergessen ist im Überschriftenblock die Integration der Bezeichnung der jeweiligen Einheit, die zahlenmäßig dargestellt ist. Auch wenn diese Angabe oftmals als überflüssig angesehen wird, so ist sie doch unabdingbar, um jeglicher Verwirrung beim Adressaten vorzubeugen.

Das Beispiel zeigt einen Beschriftungsblock in der oberen linken Ecke, der für entsprechende Titel bzw. Untertitel genutzt werden kann. Auch für diese Titel gilt eine absolute Stringenz in der Anwendung, d. h. Position, Schrifttype und Größe sollten auf allen Report-Seiten möglichst identisch sein.

In einigen Fällen kann es sein, dass noch eine weitere Spalte mit aufgenommen werden muss, nämlich die Abbildung der Relationen untereinander bzw. bezogen auf eine Basisgröße. Oftmals ist die Bildung einer Verhältniszahl Kosten zu Umsatz in Form einer Ratio sehr hilfreich, um ableiten zu können, inwieweit die Relationen der absoluten Größen durch ihre eigene Änderung oder die Veränderung der Bezugsgröße Aufschluss über die Abweichungsgründe geben. Klassische Größen dieser Art sind die Rohertragsmarge, die Wareneinsatzquote und die Kostenquoten der wesentlichen Kostenarten.

Im Falle der Darstellung von *Non-Financials* (und in der Mischung mit Financials) sollte die Anzahl der Spalten nochmals erhöht werden, um eine Spalte für die Bezeichnung der Einheit zu integrieren, die eindeutig die angewendete Größenordnung beschreibt. Ob dann noch die Zusatzzeile mit der Angabe der Einheit für die jeweilige Spalte notwendig ist, muss aus dem Zusammenhang heraus entschieden werden.

TITEL Untertitel	Einheit	Ist Monat	Budget Monat	Abweichung vs. Budget		Vorjahr Monat	Change vs Vorjahr	
				abs.	rel.		abs.	rel.
Wertbezeichnung A	#	100	99	+ 1	+ 1,0%	90	+ 10	+11,1%
Kennzahl B	EUR / Stück	2,30	2,10	+ 0,20	+ 9,5%	1,50	+ 0,80	+53,3%

Im Beispiel wird deutlich, dass die Nachkommastellen der Werte an die Einheit angepasst sind – Mengenangaben in vollen Hundert, Euro-Werte mit zwei Nachkommastellen.

Insgesamt entstehen für einen Report in der Regel drei bis fünf Standard-Tabellen für folgende Zwecke an Darstellungen

- Reine Financials mit Plan- und ggf. Vorjahreswerten für das Unternehmen
- Reine Financials mit Plan und ggf. Vorjahreswerten für Geschäftsbereiche bzw. Business Units
- Non-Financials für operative Performancemessungen mit ihren Zielwerten
- Mischung von Financials und Non-Financials für Zusammenfassungen und Komi-Analysen

An dieser Stelle nochmals der nachdrückliche Hinweis, dass die gewählten Tabellendarstellungen mit ihren aus den Datendimensionen abgeleiteten Vergleichssichtweisen als Raster für den gesamten Report gelten – immer wieder neue Tabellenlayouts für jede Seite verlangen vom Adressaten eine permanente Beschäftigung mit den geänderten Strukturelementen.

Zum Abschluss noch ein Tipp für den Aufbau der Tabellen an sich. Bei der Darstellung von Summenwerten, deren Basiswerte auch Teil derselben Tabelle sind, ist es für den Adressaten deutlich einfacher eine Interpretation bzw. Logik der Zusammenfassung zu verstehen, wenn die Summenbildung oberhalb der definierten Basiszahlen erfolgt.

TITEL Untertitel	Ist Monat EUR m	Budget Monat EUR m	Abweichung vs. Budget	
			abs. EUR m	rel. %
Operative Kosten	**163,0**	**166,0**	**+ 3,0**	**+ 1,8%**
Personalkosten	**90,0**	**79,0**	**- 11,0**	**- 13,9%**
PK 01	50,0	49,0	- 1,0	- 2,0%
PK 02	20,0	15,0	- 5,0	- 33,3%
PK 03	20,0	15,0	- 5,0	- 33,3%
Sachkosten	**50,0**	**57,0**	**+ 7,0**	**+ 12,3%**
SK 01	40,0	45,0	+ 5,0	+ 11,1%
SK 02	10,0	12,0	+ 2,0	+ 16,7%
Sonstige Kosten	**23,0**	**30,0**	**+ 7,0**	**+ 23,3%**

Das menschliche Auge tastet eine Tabelle von oben nach unten ab, sodass die Daten in einer hierarchischen Ordnung dargestellt werden sollten, die der Wahrnehmung entspricht – das Wichtigste zuerst (oben), das weniger Wichtige darunter. Unterstützt durch die entsprechenden Textauszeichnungen und Schriftgrößen entsteht ein harmonisches Tabellenbild, das analytische Ergebnisse nahezu intuitiv transportiert. Im Beispielfall wird sofort erkennbar, dass die positive Abweichung der Operativen Kosten durch die Budgetunterschreitungen bei den Sachkosten und Sonstigen Kosten entsteht, während die Personalkosten deutlich überschritten wurden.

4.3.5   Nutzung von Diagrammen

Das Thema Diagramme bietet eine Menge Raum für kreative Darstellungen von Zahlenwerten jeglicher Art. Die bekannten Tabellenkalkulationsprogramme bieten dazu eine Vielzahl an unterschiedlichen Diagrammarten an:

Diagrammarten		
Analyseformen		**Diagrammtypen**
(1) Zeitreihe	(7) Struktur	(1) Säulen
(2) Normierung	(8) Rangfolge	(2) Balken
(2) Durchschnitt	(9) Gruppierung	(3) Linien
(4) Korrelation	(10) Häufigkeit	(4) Punkte
(5) Überleitung	(11) Spannen	(5) Kreise
(6) Dritte Dimension	(12) Kombination	

Übersetzt in die möglichen Kombinationsformen der Diagrammarten, ergeben sich insgesamt 60 Diagrammtypen plus noch weitere Variationen und Sonderformen.

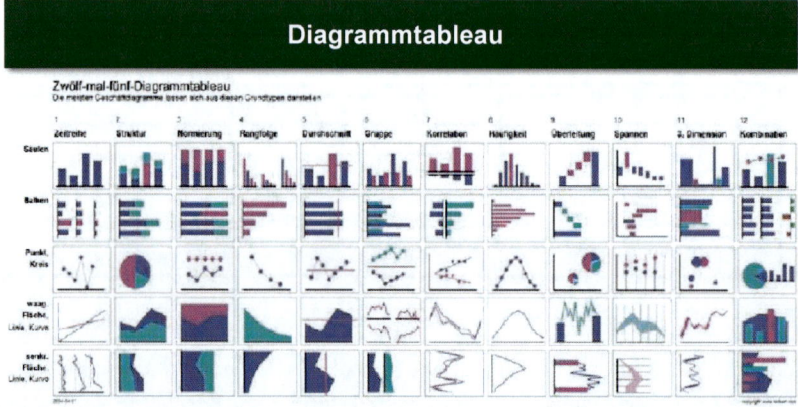

Es folgt eine kurze Klassifizierung der wesentlichen und grundsätzlichen Diagrammtypen mit ihrer Bewertung für die Nutzung in einem Reporting.

- **Liniendiagramm**
  Diese Form eignet sich hervorragend, um Zeitreihen bzw. Entwicklungsverläufe über einen gewissen Zeitraum abzubilden, unterstützt analytische Bewertung der aktuellen Performance und ermöglicht gleichzeitig eine Abschätzung der zu erwartenden zukünftigen Entwicklung. Dieser Typ empfiehlt sich insbesondere dann, wenn die unterliegenden Zahlenwerte sich in einem überschaubaren Werteskala-Abschnitt bewegen, da dann die Niveauunterschiede deutlich werden, aber trotzdem die Entwicklung gegeneinander abgebildet werden kann.
- **Balkendiagramm**
  Diese Form eignet sich gut dazu, zwei oder mehrere numerische Werte zu vergleichen, die zu unterschiedlichen Zeitpunkten oder unter unterschiedlichen Bedingungen erfasst wurden. Der Vergleich von Steigerungen und Verringerungen, höchstem mit niedrigstem Wert, Anzahlen oder Häufigkeiten ermöglicht Rückschlüsse auf analytische Ableitungen.
  Ein Säulen- oder Balkendiagramm auf der Basis einer Datenserie eignet sich für den Vergleich von Werten innerhalb einer Datenkategorie, z. B. die monatlichen Umsätze eines einzelnen Produkts. Ein Säulen- oder Balkendiagramm auf der Basis von mehreren Datenserien eignet sich für den Vergleich von Datenkategorien, z. B. die monatlichen Umsätze für mehrere Produkte.
- **Kreisdiagramm**
  Kreisdiagramme können nur statische Zeitpunktzustände darstellen und zeigen keinerlei Dynamik einer Entwicklung. Das menschliche Auge ist gut darin, lineare Maße abzuschätzen und schlecht darin, relative Flächen zu beurteilen, sodass im Falle einer Anwendung eine numerische Ergänzung mit den jeweiligen relativen Flächengrößen erfolgen muss. Die ist aus der Erfahrung heraus eine Diagrammform, die nur in Ausnahmefällen angewendet werden sollte.
  Eine zumindest grafisch ansprechendere Variante ist das Ringdiagramm, da es „leichter" wirkt und auch die visuelle Erfassung des dargestellten Zusammenhanges erleichtert.
- **Diagrammkombinationen**
  Die Anwendung von Diagrammkombinationen (Verbunddiagramme) eignet sich besonderes für die Abbildung von Abhängigkeiten in der Entwicklung zweier Datenreihen, die ihrer Art (und damit ihrer Einheit) nach unterschiedlich sind. Allerdings zeigt die Erfahrung, dass diese Diagrammform häufig zu einem zusätzlichen Erläuterungsbedarf führt, weshalb ein Einsatz wohl überlegt sein sollte und dem erwarteten Nutzen nachhaltig dienen muss.

Die Kunst des Designs liegt darin, nicht möglichst viele unterschiedliche und komplizierte Diagrammarten zu nutzen, sondern sich auf eine kleine maßgebliche Anzahl zu konzentrieren, die für den angestrebten Zweck adäquat ist und die Analyse der Zahlenwerte erleichtert.

Wie bereits ausgeführt (siehe Abschn. 4.3.3), sollte neben der Auswahl der Diagrammform auch eine Festlegung der genutzten Farben bezogen auf die Repräsentanz der Wertekategorien erfolgen.

Bei der Anwendung von Diagrammen hat sich gezeigt, dass es häufig von Vorteil ist, innerhalb der grafischen Darstellung noch eine **Ergänzung um die wesentlichen Zahlenwerte** vorzunehmen. Das heißt zum Beispiel, bei einem Liniendiagramm zur Darstellung der Umsatzentwicklung auch die statischen Werte der kumulierten bisherigen Performance zu integrieren, um so dem Adressaten zu ermöglichen, die zeitliche Entwicklung mit dem aktuellen Status zu kombinieren.

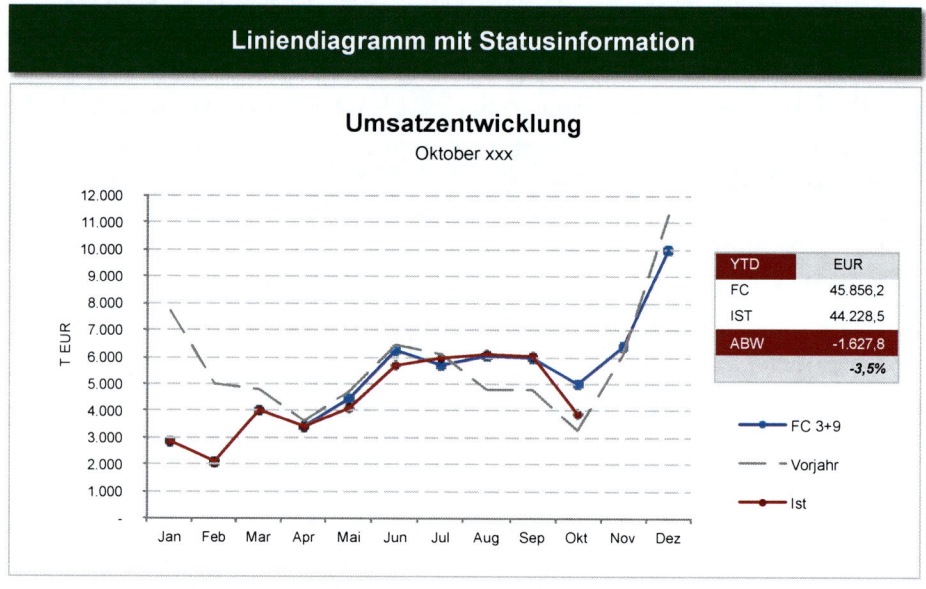

In diesem Beispiel ist die Umsatzentwicklung im Jahresverlauf dargestellt mit einem Vergleich zum Forecast und dem Vorjahr. Das Vorjahr hat in diesem Fall die beschriebene Bedeutung eines Vergleiches zur „normalen" monatlichen Verteilung über das Jahr hinweg

(Standardverlauf). Die reine grafische Liniendarstellung ist ergänzt um die kumulierten Ist- und Plan-Werte (durch eine Hinterlegung als Tabelle im Hintergrund) und gibt dem Betrachter die Antwort auf die zu erwartende Frage, wo denn das Unternehmen per Oktober im Vergleich zum Plan steht.

Zusammenfassend im Folgenden eine Checkliste für den Einsatz von Diagrammen:

Inhaltliche Orientierung	**Empfängerorientierung**
• Klarheit vor Schönheit • Erst die Botschaft formulieren, dann den geeigneten Diagrammtyp auswählen • Zahlenbasis transparent beschreiben	• Make the customer feel smart – Inhalte und Erklärungen einfach halten • Keine inhaltleere Dekoration und Graphik-Müll (Chart-Junk) • Im Zweifel: Weniger ist mehr

4.3.6 Grafische Sonderformen

Zusätzlich zu den genannten und beschriebenen Basisformen – Tabellen und Diagrammen – gibt es einige Sonderformen grafischer Art, die in diesem Abschnitt vorgestellt werden. Es handelt sich dabei um Darstellungsmöglichkeiten, die sich in der Praxis bewährt und ihre Überzeugungskraft unter Beweis gestellt haben.

Datenmatrix
Die Datenmatrix ist ein Darstellungsinstrument, um in sehr übersichtlicher Art und Weise zweidimensionale Zahlenwerte darzustellen und gleichzeitig von einem Gesamtwert zu den Einzelgrößen von Kombi-Segmenten zu zoomen und diese zu bewerten.

Das folgende Beispiel zeigt die Funktionalität der Datenmatrix im Rahmen einer Multi-Produkt-Multi-Markt-Analyse.

Markt-Produkt-Performance
Oktober 2015

in T EUR	Markt A		Markt B		Summe Produkte		Anteil
Produkt A	100	+ 10	60	+ 10	160	+ 20	41%
	90	+ 11%	50	+ 20%	140	+ 14%	34%
Produkt B	120	- 10	50	- 50	170	- 60	44%
	130	- 8%	100	- 50%	230	- 26%	55%
Produkt C	20	+ 5	40	+ 10	60	+ 15	15%
	15	+ 33%	30	+ 33%	45	+ 33%	11%
Summe Märkte	240	+ 5	150	- 30	**390**	**- 25**	
	235	+ 2%	180	- 17%	**415**	**- 6%**	
Anteil	62%		38%				
	57%		43%				

Legende		
Ist	Δ
Plan	Δ %

Die Legende erläutert die Darstellung der Zahlenwerte innerhalb des jeweiligen Produkt-Markt-Feldes. Die Spalten zeigen die Marktperformance und die Zeilen die Produktperformance.

Über die Summenbildung nach Produkt und Markt wird der Bezug auf die Basisgröße hergestellt, um die Performance dieser beiden Dimensionen an sich ausweisen zu können. Additiv ist in diesem Beispiel noch die Anteiligkeit der Produkte und Märkte im Vergleich von Plan zu Ist mit dargestellt.

Im Rahmen der Analyse können über die Datenmatrix transparent die tatsächlichen Treiber der Abweichung identifiziert werden. Im Falle einer signifikanten Abweichung innerhalb der Matrix kann auch das Mittel der Textauszeichnung oder der farblichen Hinterlegung angewendet werden.

Die Datenmatrix kann – neben den genannten Produkt-Markt-Strukturen – für andere Zwecke angewendet werden. Insbesondere für die Darstellung von Kostenstrukturen nach Kostenarten und Kostenstellen ist die Datenmatrix erfahrungsgemäß sehr gut geeignet.

Ranking-Tabellen

Ranking-Tabellen sind ein interessantes Instrument zur Schaffung von Transparenz über die Wachstumsperformance von Einzelelementen (z. B. Produkte, Märkte, Gebiete oder Styles) und werden von Entscheidern extrem positiv bewertet. Das Ranking zeigt plastisch, welches Einzelelement der stärksten Veränderung unterliegt und ob eine Nachhaltigkeit in der Performance hergeleitet werden kann. Des Weiteren ist das Ranking bei dem Adressaten häufig bekannt aus der traditionellen Performancemessung von Vertriebsbeauftragten oder Vertriebsteams, sodass der Wiedererkennungswert hilft, die Nutzung eines solchen Analyseinstrumentes im Verständnis nachhaltig zu vereinfachen.

Ein Beispiel der Performance Messung des Produkterfolges eines E-Commerce-Anbieters mit einem breiten Produktspektrum und einer hohen Innovationsgeschwindigkeit in der Produktentwicklung macht die Wirkung deutlich.

Produkt Ranking
Oktober 2015

Rang	Produkt	CAGR Nutzung	Rang Vormonat
1.	Premium E-Mail	+ 12.4%	1.
2.	Sicherheitspaket	+ 9.0%	3.
3.	Video on Demand	+ 5.1%	2.
4.	Hosting Services	+ 3.0%	4.
5.	Sport Info	+ 1.9%	6.
6.	Musik Streaming	+ 1.4%	5.
7.	Foto Services	- 0.7%	7.
8.	Banking	- 8.1%	8.

Als Messgröße ist in diesem Fall der Nutzungs-CAGR (Compound Annual Growth Rate) auf die monatlichen Wachstumsraten angewendet worden. Für die Einschätzung des Markterfolges ist diese Größe wesentlich aussagekräftiger als die Abbildung einer Umsatzentwicklung. Die Nutzung durch die User ist *die* entscheidende Messgröße für den Produkterfolg. Farbliche Textauszeichnungen verstärken die Wirkung der Ranking-Tabelle, sodass die wesentlichen Ergebnisse schneller erfasst werden können.

Ranking-Tabellen können mannigfaltig eingesetzt werden, wenn es um die Messung von Dynamiken geht.

Bridges
Die Anwendung von Bridges (Brücken) ist weitverbreitet und erfahrungsgemäß ein sehr probates Mittel, um die inhaltlich unterschiedlichen Treiber einer Veränderung zu visualisieren. Dabei ist zu berücksichtigen, dass eine Bridge immer nur die Treiber für eine Ergebnisgröße in seinen Einzelteilen wiedergeben kann – Dynamiken oder Kompositionen von Einzelelementen können mithilfe dieses Darstellungsinstrumentes nicht abgebildet werden.

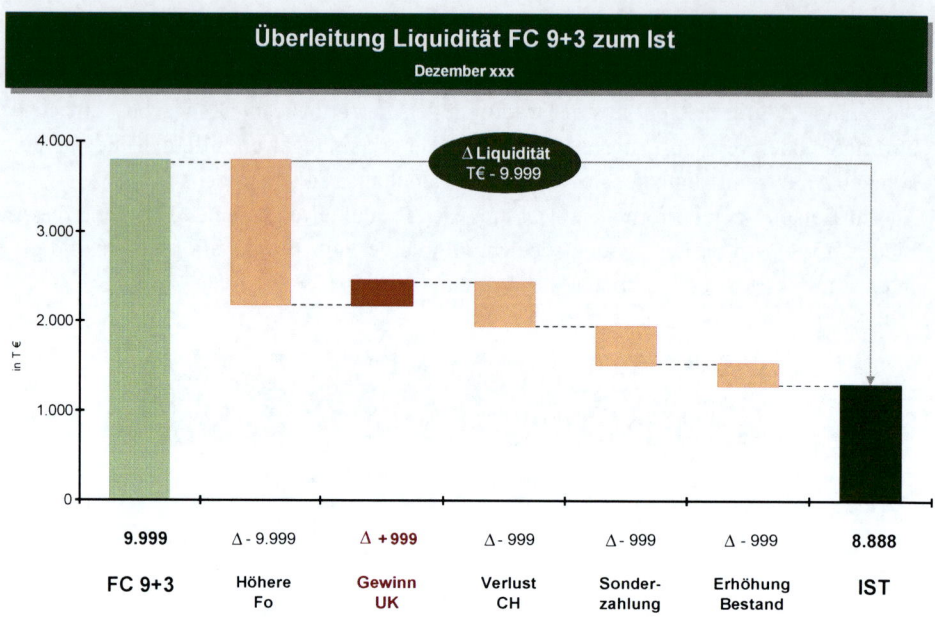

Das Beispiel zeigt neben dem schematischen Grundgerüst auch den Einsatz von Farben zur Differenzierung und die Möglichkeit, negative wie positive Effekte mit ihrem Wirkungsgrad darzustellen.

Treiberbaum

Das Analyseinstrument des Treiberbaumes zur Identifikation der zu berücksichtigenden Beobachtungsfelder des Reportings wurde bereits vorgestellt (siehe Abschn. 2.4.1). Neben der reinen Analysenutzung eignet sich der Treiberbaum auch hervorragend, um grafisch über die Einflussgrößen einer Ergebnisgröße und ihre wirtschaftlichen Abhängigkeiten zu berichten.

Abweichungsanalyse – Kollektionsergebnis Verkaufsrunde X

GESAMT

Aktuell	58,2
Vorjahr	61,9
Δ EUR m	-3,7
% PY	-6%

MARKE A

Δ EUR m	-3,2
% Total	86%

MARKE A

Δ EUR m	-0,7
% Total	14%

DEUTSCHLAND

Δ EUR m	-1,9
% Total	59%

INTERNATIONAL

Δ EUR m	-1,3
% Total	41%

DEUTSCHLAND

Δ EUR m	-0,4
% Total	57%

INTERNATIONAL

Δ EUR m	-0,3
% Total	43%

DE Typ A

Δ EUR m	-0,6
% Part	32%

DE Typ B

Δ EUR m	-0,8
% Part	42%

DE Typ C

Δ EUR m	-0,7
% Part	26%

Land A

Δ EUR m	-0,8
% Part	64%

Land B

Δ EUR m	-0,4
% Part	27%

DE Typ C

Δ EUR m	-0,3
% Part	75%

DE# Typ A

# POS	-23
Δ EUR m	-0,4
% Part	71%

DE# Typ B

# POS	-58
Δ EUR m	-0,6
% Part	77%

DE# Typ C

# POS	-75
Δ EUR m	-0,3
% Part	46%

Land A # Typ C

# POS	-79
Δ EUR m	-0,5
% Part	64%

Land B # Typ C

# POS	-29
Δ EUR m	-0,3
% Part	94%

DE # Typ C

# POS	-111
Δ EUR m	-0,3
% Part	89%

DE Ratio Typ C

EUR/Order	-244
Δ EUR m	-0,4
% Part	54%

Land A Ratio Typ C

EUR/Order	-609
Δ EUR m	-0,3
% Part	36%

In diesem Fall wurde die monetäre Abweichung der Verkaufsrunde einer Kollektion eines Multi Brand Fashion Unternehmens in seine Bestandteile und wesentlichen Treiber zerlegt. Die Abweichung wird im ersten Schritt nach den Marken differenziert, im nächsten Schritt nach Märkten und dann in die jeweiligen POS-Typen. Die finale Differenzierung nach der Anzahl der Besteller und deren Auftragsgrößen ist nur für die signifikanten Vertriebstypen weitergeführt worden. Generell werden die absoluten Abweichungen in Relation zu der kategorischen Abweichung gesetzt, um die Größenordnung des Einflusses auf das Ausgangsergebnis zu zeigen.

Generell muss die Treiberbaumdarstellung jeweils an den Zweck und das Ziel der Analyse individuell angepasst werden und konsequenterweise ist dementsprechend auch eine Adaption der dargestellten Größen notwendig.

Prozesskette
Wenn ein Unternehmensprozess sich als kritisch für die Erreichung der Zielsetzungen im Rahmen der Selection Phase herausgestellt hat, so hat er sich damit auch als Non-Financial für das Reporting qualifiziert. Die Darstellung eines Prozessstatus kann zum einen über die klassischen Formen von Tabellen und Diagrammen erfolgen, zum anderen aber auch in Form einer grafisch ansprechenden Prozesskette.

Wenn die Durchlaufzeit – wie in diesem Falle – die summarische kritische Größe ist, dann sollten, wenn möglich, die einzelnen Prozessschritte in ihrer Darstellung den anteiligen Zeitbedarf repräsentieren. Dem Betrachter fällt dann eine Einordnung des Verbrauches der Zeitressourcen deutlich leichter.

4.4 Vorgehen bei der Kommentierung

Bei dem Thema der Kommentierung gibt es im Rahmen der Diskussion zur Erstellung eines Management Reportings den grundsätzlichen Konsens, dass jedes Reporting mindestens eine zusammenfassende Kommentierung enthalten muss. Inwieweit diese Kommentierungsanforderung weiter gefasst wird, um auf jeder Seite eine Kommentierung zu integrieren, ist eine Frage der Unternehmenskultur und des Adressatenkreises. In diesem Kapitel werden entsprechende Grundsätze aufgestellt, die allgemeine Gültigkeit haben und für jede Art der Kommentierung gelten.

Im Kern lassen sich die Grundsätze der Kommentierung gliedern in

- die semantische Ebene,
- die sprachliche Ebene und
- die Textform.

Grundsätzlich gilt, dass eine Kommentierung inhaltlich immer fokussiert auf das jeweilige Themenspektrum bzw. Beobachtungsfeld sein muss.

4.4.1 Semantische Ebene

Bei der Semantik, d. h. der Bedeutungslehre, geht es um die inhaltlichen Anforderungen an die Kommentierung. Ziel ist es, für den Adressaten die Interpretation der dargestellten Werte aufzubereiten und wenn möglich zusätzliches Hintergrundwissen (bezogen auf die Treiber bzw. Auslöser einer kommentierten Entwicklung) hinzuzufügen.

- **Keine Wiederholung der Zahlen**
  Auf keinen Fall sollte die Kommentierung eine Wiederholung der dargestellten Zahlen sein, d. h. zum Beispiel eine ermittelte Abweichung sprachlich nochmals wiederzugeben. Die Kommentierung muss eine Erklärung und Interpretation der ermittelten Performance sein und insbesondere klären, was zu den Ergebnissen geführt hat und welche Bedeutung diese für das Unternehmen haben (Ursachen, historische Entwicklung und Aussicht – interne Ursachen, konzernbedingt, Konkurrenz, rechtliche Gründe etc.).
- **Komplementäreffekte**
  Möglicherweise haben zwei gegenläufige Trends zu einem konstanten Ergebniswert geführt, der damit stetig erscheint – eigentlich besteht aber eine latente Gefahr von Trendverschiebungen. Die Erläuterung und der Hinweis auf dieses Risiko sollten sich in der Kommentierung wiederfinden.

- **Trendanalysen**
  Eine der Kernfragen ist, ob sich gewisse Trends erkennen lassen und wenn ja, in welche Richtung die weitere Entwicklung erwartet wird (Prognose). Sind die Treiber der Abweichung permanent oder gibt es Indikatoren, die für eine Trendwende sprechen?
- **Darstellung der Maßnahmen**
  Aufgrund der Kommunikation mit den Ergebnisverantwortlichen liegt ggf. das Wissen um initiierte Gegenmaßnahmen für eine Veränderung von Trends vor und diese können im Rahmen der Kommentierung kurz aufgeführt werden. Beim Fehlen entsprechender Maßnahmenkataloge sollte der Hinweis auf deren Notwendigkeit integriert werden.
- **Kontext bilden**
  Möglicherweise reichen die dargestellten Werte zur Erläuterung nicht aus oder gewisse Kennzahlen bedürfen eine Erläuterung – die Kommentierung bietet die Chance, diese zu geben oder aber weitere (nicht abgebildete) Zahlenwerte zu liefern.

Zusammenfassend ist darauf zu achten, in der Kommentierung eine aktive Analyse der dargestellten Werte vorzunehmen.

4.4.2   Sprachliche Ebene

Jede textliche Kommentierung ist eine Visitenkarte des Kommentierenden bzw. des Reporting-Teams und sollte sprachlich einwandfrei und objektiv sein. Um dies sicherzustellen, sollten folgende Regeln angewendet werden:

- Kurze und sachliche Formulierungen wählen
- Vorsichtig mit Wertungen umgehen
- Wenn Bewertungen gemacht werden, dann müssen diese sachlich fundiert und objektiv sein
- Zahlen und Kennzahlen haben eine komplexitätsreduzierende Funktion – Erläuterungen sollen diese nicht aufheben
- Den Kommentierungstext vor der Abgabe auf Rechtschreibung, Grammatik und Ausdruck prüfen

4.4.3   Form der Textdarstellung

Generell gilt es, die Texte einer Kommentierung nicht als literarische Abhandlung zu verfassen. Es hat sich gezeigt, dass eine Kommentierung am besten in Form einer Aufzählung wahrgenommen wird und so gelingt es auch besser, prägnant zu formulieren. Statt einer reinen Aufzählung mit Aufzählungszeichen kann man auch zur Vorstrukturierung die Kommentare in positive und negative Feststellungen gliedern.

Strukturierte Kommentierung
+ **Durch den Produkterfolg von XXXX im Markt YYY liegt der Umsatz deutlich über Plan**
+ **Für das kommende Quartal ist eine Sonderaktion bei der Systempartnern vorgesehen, um den Absatz weiter zu stützen**
+ **Das aktuelle Preisniveau konnte gehalten werden und es sind keine Preissenkungen geplant**
– **Das Vertriebsteam musste um 1 FTE aufgebaut werden, da das Team einen Dauerkranken ausgleichen muss**
– **Für den Absatzerfolg wurden die Vertriebsunterstützungsmaßnahmen um 5% erhöht**

Insgesamt ist die Kommentierung in ihrer Wirkung nicht zu unterschätzen und steht in seiner Bedeutung den aufbereiteten Werten und deren Darstellung in nichts nach. Auch wenn es erfahrungsgemäß schwerfällt, gilt für die Kommentierung eine hohe Sorgfaltspflicht und sie muss einem anspruchsvollen analytischen Anspruch genügen.

Schlusswort

Ich hoffe, es ist mir mit diesem Praxisleitfaden gelungen, Ihnen aufzeigen zu können, mit welcher Vorgehensweise und in welcher Form ein strategiekonformes, integriertes, fokussiertes und adressatenorientiertes Management Reporting entwickelt werden kann. An dieser Stelle abschließend der Hinweis von mir, dass ein Leitfaden keine fertige Lösung bietet, sondern den gedanklichen Rahmen für die Entwicklung einer solchen bildet. Am Ende ist jedes Management Reporting immer eine unternehmensindividuelle Ergebnis- und Statusinformation und damit ein entscheidungsorientiertes Management-Tool.

Nach dem Abschluss der Entwicklungsphase und der Veröffentlichung einer ersten Version werden immer wieder Anpassungen notwendig sein – entweder durch verbesserte Darstellungen oder durch nachhaltige Änderungen im unternehmerischen Rahmen (Prozessveränderungen, neue Produkte, Rückzug aus Märkten etc.). Die sich daraus ergebenden Anpassungen sollten den gleichen Entwicklungsprozess durchlaufen wie das Management Reporting in seiner Entwicklung an sich und immer im Gesamtkontext eingebettet sein. Das berühmte „Einfach Anbauen" verwässert die Aussagekraft des gesamten Reportings und schadet dem Ziel einer transparenten, nachvollziehbaren und aussagekräftigen Management-Information.

Diagramme und grafische Darstellungen

5

5.1 Treiberbaum als grafische Darstellungsform

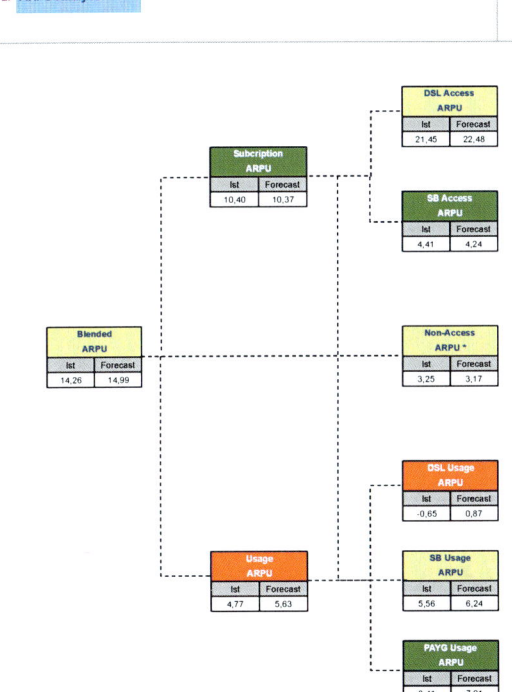

Seitenkopf

- Klares – immer wieder-
  kehrendes - Raster
- Nutzung der Corporate
  Color für die Beschriftungen
- Ergänzung um selektiertes
  Farbspektrum

Treiberbaum

- KPI Durchschnittsumsatz
  pro Kunde (ARPU) als
  Startpunkt
- Aufgliederung in seine
  Bestandteile
- Vergleich vom Ist mit dem
  aktuellen FC
- Bedingte Formatierung
  mit Schwellenwerten für
  die Signalisierung der
  Abweichungsrichtung und
  –höhe (im negativen Fall)

Legende

- Erläuterung der Einheiten
- Darstellung der
  Abweichungsindikation
  mit seinen Wertgrenzen

5.2   Vertriebsperformancedarstellung mit Linien- und Balkendiagrammen

RETAIL
Sales Performance
March 2013

LOGO

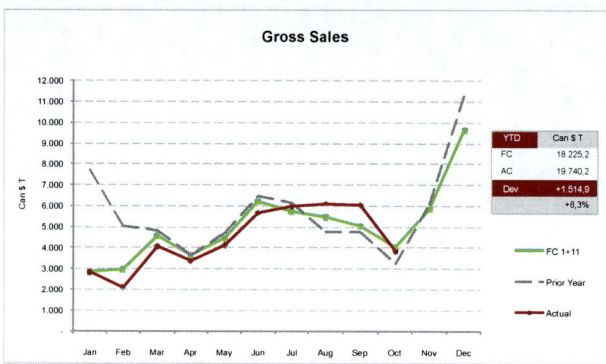

Seitenkopf

- Klare Bezeichnung des Beobachtungsfeldes
- Schlichte und nüchterne Darstellung

Liniendiagramm

- Liniendiagramm zur Darstellung der monatlichen Entwicklung
- Vorjahr aufgrund der Beurteilung der Saisonalität
- Forecast als Vergleichs- dimension statt Budget
- Mini-Tabelle neben der Graphik für die YTD Darstellung und den Abweichungskennzahlen

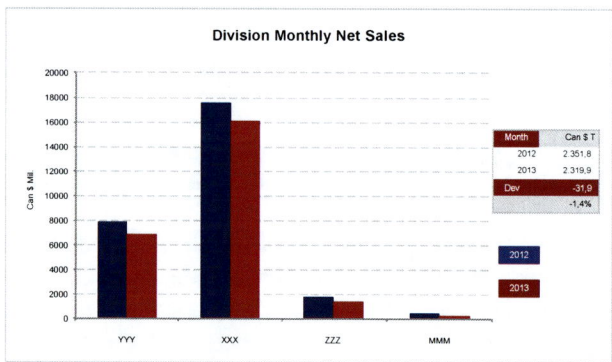

Balkendiagramm

- Balkendiagramm mit YTD Performance der Einheiten
- Mini-Tabelle für Net Sales YTD Abweichung absolut und relativ
- Einsatz der Corporate Color immer als Repräsentant des Ists

5.3   Balkendiagramm mit multiplen Dimensionen und numerischen Ergänzungen

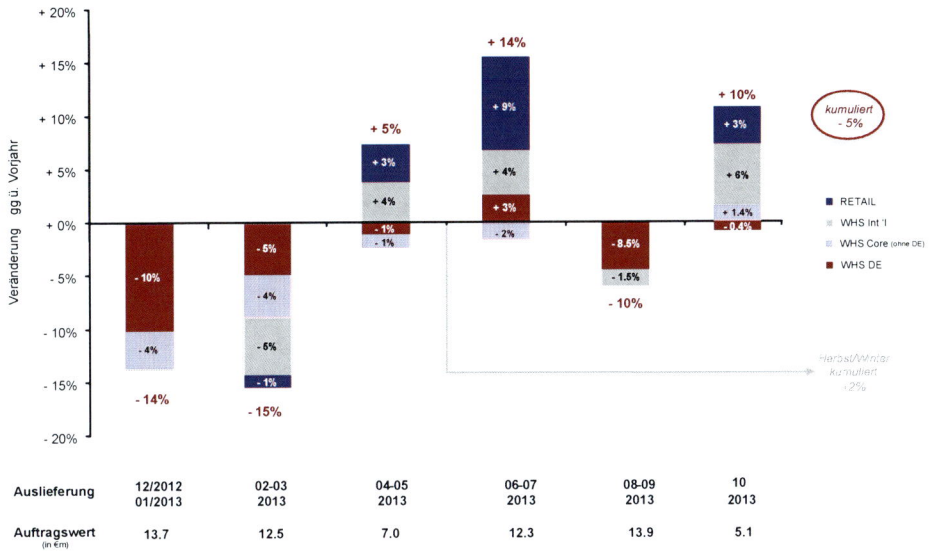

Diagramm

- Ausweis Gesamtwerte zur generellen Einordnung
- Darstellung der Abweichungen in beide Richtungen (nicht nur additiv in eine wie im Standard)
- Ausweis der verursachenden Wirkungsgrößen
- Summarisch/Additive Darstellung der Anteile an der Gesamtabweichung
- Farbliche Konsistenz führt das Auge und erleichtert die Identifikation der Messgrößen

Ergänzungen

- Kumulative Summen zur Erläuterung (alle Perioden bzw. Herbst/Winter)
- Immer Einsatz der beider Vorzeichen zur einfachen Identifikation der Abweichungsrichtung
- Ergänzung der relativen Darstellung im Diagramm um die absoluten Werte in einer Tabellenform unterhalb der Grafik aufgrund der starken Varianz des wertmäßigen Umfanges (von 5,1 bis 13,7 Mio.)

5.4   Tabellenaufbau mit Wertekaskaden im Zeitablauf

LOGO

Order by Country
Brand

Collection xx/xxxx	A PPY		A PY		B AY		A AY		Δ vs. B AY		A PY	
	EUR m	%	EUR m	%	EUR m	%	EUR m	%	EUR m	%	EUR m	%
Order	**102,0**	*100%*	**109,9**	*100%*	**102,5**	*100%*	**104,1**	*100%*	**+ 1,6**	*+ 2%*	**- 5,8**	*- 15%*
Core Countries	**94,2**	*92%*	**101,9**	*93%*	**94,7**	*0%*	**95,9**	*92%*	**+ 1,3**	*+ 1%*	**- 6,0**	*- 15%*
Germany	64,0	*63%*	66,9	*61%*	64,3	*0%*	65,0	*62%*	+ 0,7	*+ 1%*	- 1,9	*- 13%*
Austria	6,3	*6%*	6,9	*6%*	6,3	*0%*	6,0	*6%*	- 0,3	*- 5%*	- 0,9	*- 22%*
Switzerland	6,9	*7%*	9,0	*8%*	6,9	*0%*	9,2	*9%*	+ 2,3	*+ 34%*	+ 0,2	*- 8%*
Netherlands	10,3	*10%*	11,7	*11%*	10,3	*0%*	9,3	*9%*	- 1,0	*- 10%*	- 2,4	*- 29%*
Belgium	6,7	*7%*	7,4	*7%*	6,8	*0%*	6,4	*6%*	- 0,4	*- 6%*	- 1,0	*- 23%*
Scandinavia	**3,6**	*4%*	**3,0**	*3%*	**3,6**	*0%*	**3,1**	*3%*	**- 0,5**	*- 13%*	**+ 0,1**	*- 5%*
Sweden	1,4	*1%*	0,9	*1%*	1,4	*0%*	1,0	*1%*	- 0,5	*- 33%*	+ 0,0	*- 8%*
Norway	1,1	*1%*	0,8	*1%*	1,1	*0%*	1,0	*1%*	- 0,1	*- 10%*	+ 0,1	*+ 3%*
Denmark	1,1	*1%*	1,2	*1%*	1,1	*0%*	1,2	*1%*	+ 0,1	*+ 10%*	+ 0,0	*- 9%*
Romanic Countries	**2,6**	*3%*	**3,0**	*3%*	**2,6**	*0%*	**3,0**	*3%*	**+ 0,4**	*+ 15%*	**- 0,0**	*- 11%*
Italy	0,8	*1%*	0,8	*1%*	0,8	*0%*	0,8	*1%*	+ 0,0	*+ 1%*	+ 0,0	*- 8%*
France	0,9	*1%*	1,4	*1%*	0,9	*0%*	1,5	*1%*	+ 0,6	*+ 62%*	+ 0,1	*- 6%*
Spain	0,9	*1%*	0,8	*1%*	0,9	*0%*	0,7	*1%*	- 0,2	*- 22%*	- 0,1	*- 25%*
Others	**1,6**	*2%*	**2,0**	*2%*	**1,7**	*0%*	**2,1**	*2%*	**+ 0,4**	*+ 24%*	**+ 0,1**	*- 5%*

Seitenkopf

- Logo obenstehend als Seitenkopf
- Klares - immer wieder-kehrendes - Raster
- Tabellenüberschrift mit gesonderter Farbhinterlegung mit linker Box für Bezeichnungen

Tabellenstruktur

- Festlegung der Vergleichsdimensionen
- Vorjahreswerte zur Darstellung der kalendarischen Entwicklung
- Abgesetzte Spalten für die Abweichung, um den durchgängigen Fluss der Jahreszahlen von links nach rechts nicht zu unterbrechen
- Indikation der Einheiten

Stilmittel

- Linenstruktur durch farbliche Unterlegung
- Zusammenfassung durch oben stehende Summen
- Detaillierung in kleinerer Schriftart
- Prozentzahlen kursiv zur Abgrenzung ggü. den absoluten Zahlen
- Roter Kasten, um die Aufmerksamkeit auf die Zahlen der aktuellen Periode zu lenken

5.5   Aufbau einer grafischen Seite mit Kommentierung

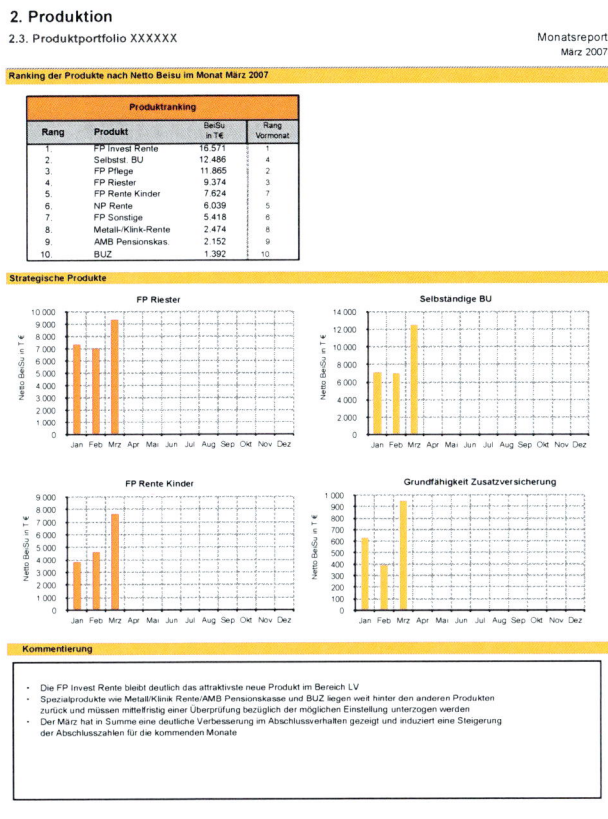

Rankingtabelle

- Aufzeigen der Dynamik des Absatzes der neuen strategischen Produkte
- Verschiebungen durch Ausweis des Vormonatsranges

Diagramme

- Identischer Aufbau in Art und Form
- Farbliche Unterscheidung nach Produktkategorie
- Wenn möglich Einheitenkonformität der Y-Achse
- Feststehender Jahresverlauf mit kontinuierlicher Füllung

Kommentierung

- Inhaltliche Bewertung der Produktperfomance
- Hinweise auf möglichen Handlungsbedarf

5.6   Bridge-Darstellungsform für die Entwicklung der Anzahl der Kunden

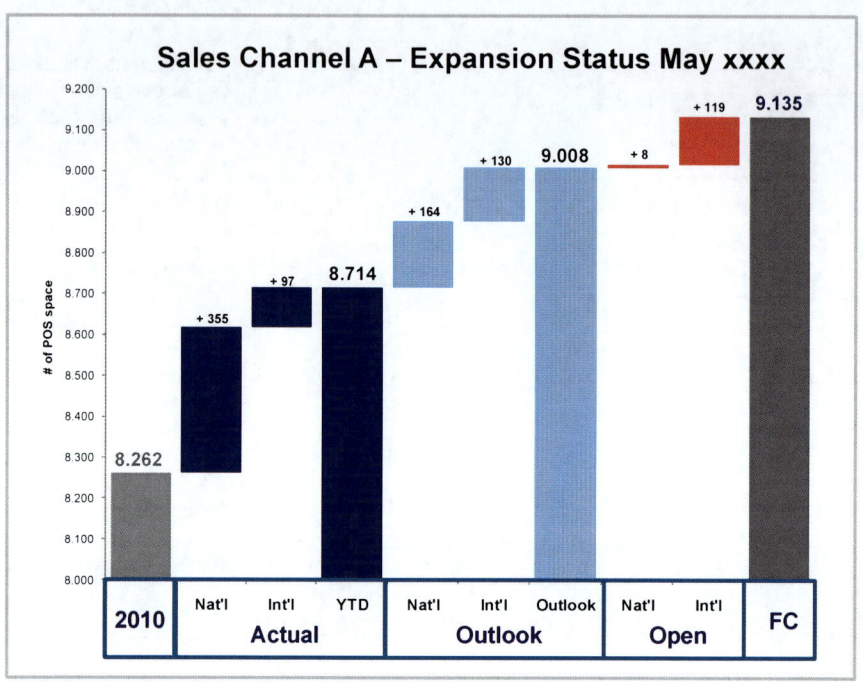

Balkendiagramm

- Nutzung der Balkendiagrammfunktion zur Generierung einer Bridgedarstellung
- X-Achsen Notation überschrieben mit einem grafischen Blockelement
- Anzeige der Werte zur Überleitung der Wachstumsschritte

Ergänzungen

- Farblich Differenzierung für jeden Schritt in der kalendarischen Entwicklung
- Ergänzung der Entwicklungsbalken durch den absoluten Wert mit Vorzeichen zur visuellen Trennung ggü. den Ergebniswerten
- Ausweis des „offenen" Budget als noch zu erreichende Zielsetzung für den Vertrieb

5.7   Umsatzmatrix nach Kanal/Marke/Markt

SALES MATRIX in EUR Mil.	Sales Type A				Type B	Σ
	Core Markets		Market Expansion	Product Extention	eCommerce	Total
	National	International				
RIVALDI	264 (+18) + 2%	145 (+28) + 7%	28 (+13) + 23%	75 (+44) + 34%	60 (+56) + 168%	571 (+159) + 12%
GAME GEAR	237 (+23) + 4%	90 (+19) + 8%	25 (+14) + 30%	46 (+28) + 36%	43 (+41) + 166%	443 (+126) + 12%
Regatta	29 (+15) + 29%	11 (+6) + 28%	0 (+0)	0 (+0)	5 (+5) + 160%	45 (+26) + 34%
Total	530 (+57) + 4%	246 (+53) + 8%	54 (+27) + 26%	121 (+72) + 35%	108 (+103) + 167%	1.059 (+311) + 12%

Legende
Sales Actual
abs Delta vs PY
% Delta vs PY

Matrix Darstellung

- Separate Darstellung der Wachstumsmärkte und Produkterweiterungen
- Darstellung des Wachstums ggü. dem Vorjahr absolut und relativ
- Summation über die Marken und der Märkte
- Nutzung von Farben für die Trennung der Beobachtungsfelder mit Signalfarben für die strategisch wichtigen Elemente

5.8 Mischung von Tabelle und grafischen Darstellungsformen

II. Teilkonzerngesellschaften

2. XXXX - Schweiz

2.4 Financial Analysis

vividways

Monatsreport

Januar 20xx

Seitenkopf

- Klare Bezeichnung des Beobachtungsfeldes
- Logo Einsatz rechts oben
- Corporate Color gemischt mit Signalfarbe aus dem passenden Farbschema

EBITDA-Marge - normalisiert - A / F1 / B / LY

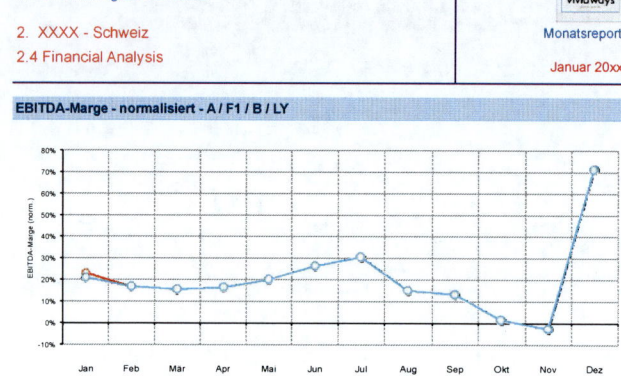

Portfolio YTD - Vergleich A vs LY - normalisiert -

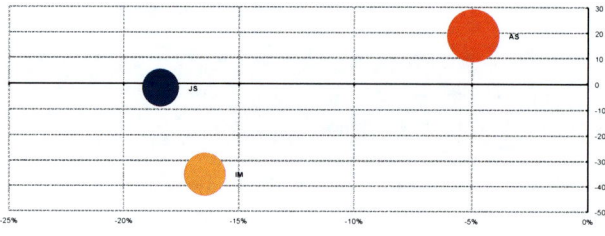

EBITDA absolut vs. EBITDA Marge in %

Diagramme

- Zwei unterschiedliche Diagrammtypen auf einer Seite
- Ein Liniendiagramm für die kalendarische Entwicklung der Kerngröße EBITDA
- Eine Portfoliodarstellung zur Visualisierung der relativen Performance auf Basis einer Normalisierung im Zeitablauf

Ratio Analysis

Ratios (YTD)	A Okt	A Nov	A Dez	A Jan	F1 Jan	F1 Feb	F1 Mrz	F1 Apr	CAGR A 4 Monate	CAGR F1 4 Monate
Net Sales/FTE	16.666	16.347	28.742	18.170	18.170	19.868	21.575	20.753	+ 2,9%	+ 4,5%
OPEX/Net Sales	80,3%	88,0%	26,4%	63,5%	63,5%	72,0%	74,7%	73,6%	- 7,5%	+ 5,1%
OPEX exkl. Werbung/FTE	10.525	10.815	7.371	9.486	9.486	10.817	11.148	10.786	- 3,4%	+ 4,4%
PK/Net Sales	38,1%	38,9%	22,0%	29,4%	29,4%	32,3%	29,8%	30,9%	- 8,3%	+ 1,7%
Werbung/Net Sales	17,2%	21,8%	0,8%	11,3%	11,3%	17,6%	23,0%	21,7%	- 13,0%	+ 24,2%

Tabelle

- Kalendarische Ablauf mit Doppelmonat für den Berichtsmonat zur Gegenüberstellung von Plan (F1) und Ist (A)
- CAGR Vergleiche Ist vs. Plan zur Beurteilung der Eintrittswahrscheinlichkeit des Planes

5.9   Darstellung Auftragsfluss und Performancekennzahlen

2. Ausbau
Bauvorhaben

Technisches Reporting
Sep xxxx

Projektfluss

	Jan	Feb	Mrz	Apr	Mai	Jun	Jul	Aug	Sep	Okt	Nov	Dez	YTD	Ø p.M.
Zugang an BvH	+ 1.682	+ 1.092	+ 1.368	+ 1.729	+ 728	+ 1.941	+ 1.406	+ 1.948	+ 1.629				+ 13.523	+ 1.503
Realisierte BvH	**1.445**	**958**	**1.455**	**1.596**	**1.078**	**1.853**	**1.800**	**1.291**	**1.531**				**13.007**	**1.445**
Abschlussquote	86%	88%	106%	92%	148%	95%	128%	66%	94%				-	96%
Best and an offenen BvH	**3.712**	**3.846**	**3.759**	**3.892**	**3.542**	**3.630**	**3.236**	**3.893**	**3.991**				-	**3.722**
Kleine Maintanance	1.942	2.087	1.967	1.784	1.651	1.499	1.134	1.487	1.482				-	1.670
Große Maintanance	192	191	201	171	165	148	114	380	290				-	206
Kleiner Aufwand	568	576	563	698	589	559	571	536	572				-	581
Großer Aufwand	8	8	12	14	13	17	4	3	3				-	9
Kleine Invest	786	785	811	987	895	1.002	985	1.047	1.177				-	942
Große Invest	183	167	170	194	186	198	208	216	212				-	193
Glasfaser	33	32	35	44	43	48	61	68	74				-	49
Netzzentren Vorhaben						159	159	156	181				-	164
Ø Plan / Ist Kosten	92%	113%	126%	99%	90%	113%	110%	96%	106%				-	107%
Realisierte ÜP 2	329	687	683	170	110	39	324	273	377				2.992	332
Realisierte ÜP 4	722	511	429	670	318	416	542	551	564				4.723	525
Ø Subventionsquote	92%	91%	99%	99%	98%	96%	96%	102%	98%				-	97%

ÜP Versorgung

Abschlusszeit (Ø-Tage pro BvH)

Tabelle

- Darstellung des Bestandes an Bauvorhaben und deren Struktur
- Performance Kennzahlen bezogen auf die Leistung der realisierenden Einheit
- Verknüpfung Financials mit Non-Financials in einer Kostenkennzahl
- Ausweis des indirekten Kostentreibers in Form einer Subventionsquote

Diagramme

- Liniendiagramme zur Darstellung der kalendarischen Entwicklung
- Zwei inhaltlich absolut unterschiedliche Wertgrößen – Versorgung von Haushalten und Abschlusszeiten der Bauvorhaben
- Entscheidende Beobachtungsfelder für die Beurteilung der Output-Performance des Bereiches

5.10   Darstellung Prozessfluss und Bestandsentwicklung

1. Prozess-Monitor
1.3 Output   Februar 20xx

Installationstreppe

Auftrags-eingang (Tsd.)	Installations-eingang (Tsd.)		Installationen und Storno (Tsd.)						Total		Offene Aufträge	
			Sep.. 01	Okt.. 01	Nov.. 01	Dez.. 01	Jan.. 02	Feb.. 02	Total	Offene Aufträge
Sep.. 01 16,005	15,20	Installationen	0,00	6,80	1,72	0,61	0,27	0,17	9,57	3,86
		Storno	0,00	1,16	0,66	0,34	0,26	0,15	2,57	
Okt.. 01 21,105	22,66	Installationen		6,82 32%	6,38 30%	1,38 7%	0,48 2%	0,22 1%	15,27 72%	2,32 11%
		Storno		0,59 3%	1,70 8%	0,55 3%	0,43 2%	0,25 1%	3,52 17%	
Nov.. 01 18,339	18,75	Installationen			5,95 32%	5,53 30%	1,10 6%	0,44 2%	13,02 71%	2,49 14%
		Storno			0,73 4%	1,26 7%	0,59 3%	0,26 1%	2,83 15%	
Dez.. 01 19,464	18,82	Installationen				5,62 29%	6,71 34%	1,27 7%	13,60 70%	3,37 17%
		Storno				0,65 3%	1,34 7%	0,51 3%	2,50 13%	
Jan.. 02 19,751	18,68	Installationen					6,42 32%	6,03 31%	12,45 63%	5,12 26%
		Storno					0,89 5%	1,29 7%	2,18 11%	
Feb.. 02 18,324	17,79	Installationen						6,05 33%	6,05 33%	11,51 63%
		Storno						0,77 4%	0,77 4%	

Erst- und Folgeinstallationen

☐ Folgeinstallation
☐ Erstinstallation

Kommentar

+ Die Stornoquote geht langsam zurück, so dass sich ein
  positiver Effekt auf den Bestand ergibt
- Der Bestand an offenen Aufträge steigt, die Realisierungs-
  performance muss erhöht werden, um die Wartezeiten nicht
  ansteigen zu lassen

Tabelle

- Kaskadische Entwicklung über den Monatsverlauf hinweg
- Entscheidende Sichtweise bei Prozessflüssen mit variabler Bestandsentwicklung
- Einsatz von farblicher Hinterlegung als Stilmittel zur Differenzierung der einzelnen inhaltlichen Elemente

Diagramm & Kommentar

- Balkendiagramm zur Darstellung der Zusammensetzung der Installationsart
- Farblich zurückhaltend, um die Wahrnehmung nicht von der Tabelle weg nach unten zu ziehen

- Kurze, aber inhaltlich prägnante Kommentierung
- Wirkung und Folgen von numerischen Veränderungen werden aufgezeigt bzw. indiziert